同济博士论丛
TONGJI Dissertation Series

总主编 伍江 副总主编 雷星晖

王 伟 杨 敏 著

控制差异沉降的桩筏基础优化研究

Research of Piled Raft Foundation Optimization
Based on Minimum Differential Settlements

同济大学出版社
TONGJI UNIVERSITY PRESS

内 容 提 要

本书是研究有关控制差异沉降的桩筏基础优化理论的专著。本书将桩筏基础与数学优化理论相结合,采用 Poulos 桩基础分析与 Rendolph 桩基础分析方法,提出了相关理论,推出单桩位移函数关系式和群桩刚度矩阵表达式,建立了通用分析模型,克服了桩筏片基础优化分析中存在的诸多问题,是桩筏基础按变形控制设计的深化与发展。

本书可作为土木工程及相关专业师生参考,也可供学术研究者、工程设计人员及施工人员使用。

图书在版编目(CIP)数据

控制差异沉降的桩筏基础优化研究 / 王伟,杨敏著.
—上海:同济大学出版社,2017.8
(同济博士论丛 / 伍江总主编)
ISBN 978 - 7 - 5608 - 6990 - 2

Ⅰ. ①控… Ⅱ. ①王… ②杨… Ⅲ. ①控制-不均匀沉降-桩筏基础-研究 Ⅳ. ①TU473.1

中国版本图书馆 CIP 数据核字(2017)第 093704 号

控制差异沉降的桩筏基础优化研究

王 伟 杨 敏 著
出 品 人 华春荣 责任编辑 葛永霞 卢元姗
责任校对 徐春莲 封面设计 陈益平

出版发行 同济大学出版社 www.tongjipress.com.cn
(地址:上海市四平路 1239 号 邮编:200092 电话:021 - 65985622)
经 销 全国各地新华书店
排版制作 南京展望文化发展有限公司
印 刷 浙江广育爱多印务有限公司
开 本 787 mm×1092 mm 1/16
印 张 15.25
字 数 305 000
版 次 2017 年 8 月第 1 版 2017 年 8 月第 1 次印刷
书 号 ISBN 978 - 7 - 5608 - 6990 - 2

定 价 71.00 元

"同济博士论丛"编写领导小组

组　　　长：杨贤金　钟志华

副　组　长：伍　江　江　波

成　　　员：方守恩　蔡达峰　马锦明　姜富明　吴志强
　　　　　　徐建平　吕培明　顾祥林　雷星晖

办公室成员：李　兰　华春荣　段存广　姚建中

袁万城　莫天伟　夏四清　顾　明　顾祥林　钱梦騄
徐　政　徐　鉴　徐立鸿　徐亚伟　凌建明　高乃云
郭忠印　唐子来　阎耀保　黄一如　黄宏伟　黄茂松
戚正武　彭正龙　葛耀君　董德存　蒋昌俊　韩传峰
童小华　曾国荪　楼梦麟　路秉杰　蔡永洁　蔡克峰
薛　雷　霍佳震

秘书组成员： 谢永生　赵泽毓　熊磊丽　胡晗欣　卢元姗　蒋卓文

总　序

　　在同济大学110周年华诞之际，喜闻"同济博士论丛"将正式出版发行，倍感欣慰。记得在100周年校庆时，我曾以《百年同济，大学对社会的承诺》为题作了演讲，如今看到付梓的"同济博士论丛"，我想这就是大学对社会承诺的一种体现。这110部学术著作不仅包含了同济大学近10年100多位优秀博士研究生的学术科研成果，也展现了同济大学围绕国家战略开展学科建设、发展自我特色，向建设世界一流大学的目标迈出的坚实步伐。

　　坐落于东海之滨的同济大学，历经110年历史风云，承古续今、汇聚东西，秉持"与祖国同行、以科教济世"的理念，发扬自强不息、追求卓越的精神，在复兴中华的征程中同舟共济、砥砺前行，谱写了一幅幅辉煌壮美的篇章。创校至今，同济大学培养了数十万工作在祖国各条战线上的人才，包括人们常提到的贝时璋、李国豪、裘法祖、吴孟超等一批著名教授。正是这些专家学者培养了一代又一代的博士研究生，薪火相传，将同济大学的科学研究和学科建设一步步推向高峰。

　　大学有其社会责任，她的社会责任就是融入国家的创新体系之中，成为国家创新战略的实践者。党的十八大以来，以习近平同志为核心的党中央高度重视科技创新，对实施创新驱动发展战略作出一系列重大决策部署。党的十八届五中全会把创新发展作为五大发展理念之首，强调创新是引领发展的第一动力，要求充分发挥科技创新在全面创新中的引领作用。要把创新驱动发展作为国家的优先战略，以科技创新为核心带动全面创新，以体制机制改革激发创新活力,以高效率的创新体系支撑高水平的创新型国家建设。作为人才培养和科技创新的重要平台,大学是国家创新体系的重要组成部分。同济大学理当围绕国家战略目标的实现,作出更大的贡献。

大学的根本任务是培养人才,同济大学走出了一条特色鲜明的道路。无论是本科教育、研究生教育,还是这些年摸索总结出的导师制、人才培养特区,"卓越人才培养"的做法取得了很好的成绩。聚焦创新驱动转型发展战略,同济大学推进科研管理体系改革和重大科研基地平台建设。以贯穿人才培养全过程的一流创新创业教育助力创新驱动发展战略,实现创新创业教育的全覆盖,培养具有一流创新力、组织力和行动力的卓越人才。"同济博士论丛"的出版不仅是对同济大学人才培养成果的集中展示,更将进一步推动同济大学围绕国家战略开展学科建设、发展自我特色、明确大学定位、培养创新人才。

面对新形势、新任务、新挑战,我们必须增强忧患意识,扎根中国大地,朝着建设世界一流大学的目标,深化改革,勠力前行!

万　钢

2017 年 5 月

论丛前言

　　承古续今，汇聚东西，百年同济秉持"与祖国同行、以科教济世"的理念，注重人才培养、科学研究、社会服务、文化传承创新和国际合作交流，自强不息，追求卓越。特别是近20年来，同济大学坚持把论文写在祖国的大地上，各学科都培养了一大批博士优秀人才，发表了数以千计的学术研究论文。这些论文不但反映了同济大学培养人才能力和学术研究的水平，而且也促进了学科的发展和国家的建设。多年来，我一直希望能有机会将我们同济大学的优秀博士论文集中整理，分类出版，让更多的读者获得分享。值此同济大学110周年校庆之际，在学校的支持下，"同济博士论丛"得以顺利出版。

　　"同济博士论丛"的出版组织工作启动于2016年9月，计划在同济大学110周年校庆之际出版110部同济大学的优秀博士论文。我们在数千篇博士论文中，聚焦于2005—2016年十多年间的优秀博士学位论文430余篇，经各院系征询，导师和博士积极响应并同意，遴选出近170篇，涵盖了同济的大部分学科：土木工程、城乡规划学（含建筑、风景园林）、海洋科学、交通运输工程、车辆工程、环境科学与工程、数学、材料工程、测绘科学与工程、机械工程、计算机科学与技术、医学、工程管理、哲学等。作为"同济博士论丛"出版工程的开端，在校庆之际首批集中出版110余部，其余也将陆续出版。

　　博士学位论文是反映博士研究生培养质量的重要方面。同济大学一直将立德树人作为根本任务，把培养高素质人才摆在首位，认真探索全面提高博士研究生质量的有效途径和机制。因此，"同济博士论丛"的出版集中展示同济大学博士研究生培养与科研成果,体现对同济大学学术文化的传承。

"同济博士论丛"作为重要的科研文献资源,系统、全面、具体地反映了同济大学各学科专业前沿领域的科研成果和发展状况。它的出版是扩大传播同济科研成果和学术影响力的重要途径。博士论文的研究对象中不少是"国家自然科学基金"等科研基金资助的项目,具有明确的创新性和学术性,具有极高的学术价值,对我国的经济、文化、社会发展具有一定的理论和实践指导意义。

"同济博士论丛"的出版,将会调动同济广大科研人员的积极性,促进多学科学术交流、加速人才的发掘和人才的成长,有助于提高同济在国内外的竞争力,为实现同济大学扎根中国大地,建设世界一流大学的目标愿景做好基础性工作。

虽然同济已经发展成为一所特色鲜明、具有国际影响力的综合性、研究型大学,但与世界一流大学之间仍然存在着一定差距。"同济博士论丛"所反映的学术水平需要不断提高,同时在很短的时间内编辑出版110余部著作,必然存在一些不足之处,恳请广大学者,特别是有关专家提出批评,为提高同济人才培养质量和同济的学科建设提供宝贵意见。

最后感谢研究生院、出版社以及各院系的协作与支持。希望"同济博士论丛"能持续出版,并借助新媒体以电子书、知识库等多种方式呈现,以期成为展现同济学术成果、服务社会的一个可持续的出版品牌。为继续扎根中国大地,培育卓越英才,建设世界一流大学服务。

伍 江

2017 年 5 月

前　言

　　桩筏基础的优化研究是桩基础和桩筏基础研究发展到高级阶段的必然产物。桩筏体系中桩、筏板、土体之间的相互作用和相互影响使得该体系的分析已颇为复杂,而在此基础上再结合优化算法进行分析将使整个分析体系复杂程度更高,难度系数更大。

　　目前,桩筏基础优化研究中存在的主要问题是:① 多采用抽桩分析或多方案比较方法,缺乏完备性;② 桩筏基础分析方法的限制,仅能分析等桩长或均匀布桩的基础,或采用其他不足以考虑体系间相互作用的简化算法,缺乏通用性和严密性;③ 经典规划类优化算法在解决大规模工程优化问题中暴露出越来越多的问题,缺乏易用性和高效性。

　　针对上述存在的诸多问题,本书从桩基础和桩筏基础通用分析方法的研究入手,结合国内外颇具活力的遗传优化算法,对桩筏基础优化研究中的几大要点均进行了深入分析和探讨。重点在于各研究点的深度,而不在于面的广泛。本书开展的研究工作如下:

　　(1) 将 Randolph 剪切位移方法中桩身位移与桩端位移的函数关系简化为一多项式,并将此与 Poulos 积分方程法中土体柔度系数矩阵相结合,提出了一种竖向受荷单桩弹性分析的改进计算方法。然后,将单桩的改进计算方法应用于群桩分析。

（2）提出一个包含两个待定参数的群桩中单桩的位移函数关系式，由此利用变分原理和最小势能原理推导了群桩的分析过程，最终得出群桩刚度矩阵的表达式，进而可以求得群桩基础中任意单桩任意深度处的位移。

（3）采用幂函数有限项级数的形式来反映桩侧摩阻力沿桩身的分布规律，基于弹性理论中的变形协调关系、桩体物理方程和力的平衡关系，推导了竖向荷载作用下桩基础的桩顶荷载和桩顶位移之间的刚度矩阵，从而得出了一种分析竖向荷载下单桩和群桩基础的通用分析方法。群桩中各桩可具有不同的桩长、桩半径和刚度等特性。

（4）在上述桩基础通用分析方法基础上，提出了一种刚性板下桩筏基础的分析方法；然后，基于刚性板桩筏基础分析方法提出了一种竖向荷载下桩筏基础的通用分析方法。筏板分析采用有限单元方法，以转角场和剪应变场独立插值的厚薄板通用四边形等参单元进行分析。该方法可以分析由任意桩长、桩半径和刚度特性的桩群，任意厚度和几何外形的筏板组成的竖向受荷桩筏基础。

（5）首先提出了桩基础面向对象分析的框架，给出了群桩类和单桩类的实现过程，针对 Poulos 分析方法、Chow 混合分析方法、Shen 变分分析方法和桩基础通用分析方法派生了各自的类分析；然后提出了桩筏基础面向对象实现的框架，在桩基础类的基础上派生出刚性板桩筏基础类，结合有限元基类的派生类厚薄板通用分析类派生出桩筏基础通用分析类，从而实现了桩筏基础的面向对象分析过程。给出的桩基础分析和桩筏基础分析实例验证了采用本书的面向对象分析方法是合理可行的。

（6）根据竖向荷载作用下桩基础和桩筏基础通用分析方法，结合包含 7 个遗传操作算子的改进遗传算法，提出了控制差异沉降的桩筏基础

（包含桩基础）桩长优化分析模型，并给出了具体的分析步骤；然后进行了实例说明和参量分析。

（7）根据竖向受荷桩筏基础通用分析方法和改进的遗传算法来实现控制差异沉降最小化的桩筏基础桩位优化设计。针对桩筏基础桩位优化这一特定的应用对象，提出了与之相适应的遗传代码表达方式和 6 个不同的交叉与变异算子，从而能更高效地实现桩位优化分析；然后进行了实例说明和参量分析。

（8）根据桩基础通用分析方法和桩筏基础通用分析方法，结合恰当处理线性约束和非线性约束条件的遗传算法，提出了控制差异沉降的桩筏基础（包含桩基础）桩径优化分析的模型和分析步骤，然后进行了实例说明和参量分析。

（9）桩筏基础的筏板厚度分析中优化的目标既要求平均沉降和差异沉降最小，同时又要满足投资最省原则。针对传统的等桩长、等桩径和均匀布桩桩筏基础提出了一种多目标筏板厚度优化分析方法，分析中尚应满足基础承载力和筏板强度等约束条件；然后针对经过桩体特性优化后的桩筏基础提出了一种筏板厚度简洁分析方法；最后进行了参量分析，并给出了一具体的实例来说明筏板厚度的具体优化过程。

（10）将桩筏基础桩长优化、桩径优化、桩位优化和筏板厚度优化等单变量优化问题结合到一起，针对传统的等桩长、等桩径、均匀布桩的传统桩筏基础和布置任意桩长、桩径的一般桩筏基础提出了各自的桩筏基础各变量优化分析步骤。在上述分析基础上，提出了最优桩数确定的方法，从而实现了桩筏基础中桩数、桩位、桩长、桩径和筏板厚度优化分析的全过程。

符号说明

A	桩的横截面面积或筏板的面积
$[A]$	线性等式约束的系数矩阵
A_e	单元面积
a_i	优化变量分布区间的上限
a_r	筏板长度
b	确定非均匀度的系统参数
b_i	优化变量分布区间的下限
b_r	筏板宽度
$\boldsymbol{B}$	线性等式约束的常数向量
$[B_b]$	弯曲应变矩阵
B_s	单元剪切应变矩阵元素
c	排序第一个体的选择概率
C	线性不等式约束的系数矩阵
$[C]$	剪切弹性刚度矩阵
c_{ub}	桩端土体不排水抗剪强度
c_u	桩侧土体不排水抗剪强度
d	桩径

dist	最小桩距的规定值
$\mathbf{D}$	线性不等式约束的常数向量
$[D]$	弯曲弹性刚度矩阵
E	板的弹性模量
E_p	桩的弹性模量
E_s	土体弹性模量或平均模量
E_{si}	位移计算点处土体的弹性模量
E_{sj}	荷载作用处土体的弹性模量
d_i	单元各边的长度
$f(c,z)$	Mindlin 基本解
$[F]$	桩周土体柔度矩阵
$[F_b]$	桩端土体柔度矩阵
Fit	个体适应度大小
Fit_0	初始种群中最优个体的适应度
flip()	随机产生 0 值或 1 值的函数
G_l	桩端处土体的剪切模量
G_r	筏板自重
G_s	土体剪切模量
G_z	深度 z 处的土体剪切模量
h	板的厚度
k	桩侧摩阻力函数关系式待定整型变量
$[K]$	单元刚度矩阵
$[K_b]$	单元弯曲刚度矩阵
$[K_{ps}]$	桩土体系刚度矩阵
$[K_R]$	板的整体刚度矩阵
$[K_s]$	单元剪切刚度矩阵
L	桩长

$\boldsymbol{L}$	变量取值下限向量
L_p	基础中的总桩长
n	桩身划分单元的数目
$node$	筏板中可作为桩位的总节点数
np	群桩中桩的数量
$n\text{point}$	离散点总数
ns	筏板下土节点的总数
N	种群大小
N_c	桩端承载因子
N_G	进化的当前代数
N_r	竖向承载力标准值
N_{si}	单元插值形函数
P_c	筏板承担的荷载
P_{out}	等效结点力
P_{os}	个体在种群中的序位
P_t	桩顶荷载
$[P_t]$	桩土反力矩阵
q_i	厚薄板通用四边形单元节点自由度
r	等效圆形区域的半径或区间$[0,1]$之间的随机数
r_0	桩半径
r_m	剪切变形的影响半径
r_{ni}	第 n 根桩 gauss 积分点与第 i 个土节点的水平距离
R	桩筏基础极限承载力
R_A	面积率
R_i	参照点
S	单桩的桩侧表面积

S_i	搜索点
s_{ij}	i 桩和 j 桩轴线之间的距离
SP	选择压力
T	最大进化代数
$\mathbf{U}$	变量取值上限向量
V	单桩的体积
V_0	约束沉降对应的体积值
Volume	基础中桩体积或桩筏体积之和
W_0	规定的沉降限值
w_b	桩端位移
w_t	桩顶位移
Δw_z	深度 z 处桩体压缩量
ΔFit_i	第 i 代和第 $i-1$ 代种群中最优个体适应度的差值
x_i	第 i 桩位移函数待定系数
X_s	单元节点转换关系矩阵元素
y_i	第 i 桩位移函数待定系数
Y_s	单元节点转换关系矩阵元素
z_{bn}	第 n 根桩桩端处坐标
z_i	桩单元中心点的纵坐标
z_{nm}	第 n 根桩第 m 个 gauss 积分点纵坐标
ε	误差标准
ρ	土体不均匀系数
δ	桩身单元长度
τ	桩周摩阻力
$\tau_i(z)$	第 i 根桩深度 z 处的桩侧摩阻力
ν	土体泊松比
λ	桩土刚度比

λ_i	第 i 段桩身单元的系数
χ^p	优化向量
ξ	$= \ln(r_m / r_0)$
ξ_i	单元节点的 x 向局部坐标值
η_i	单元节点的 y 向局部坐标值
α	桩顶处土体与桩端处土体剪切模量的比值
$[\alpha]$	单元各边中点转角转换关系矩阵
α_{ij}	桩侧摩阻力函数关系式待定系数
α_{kj}	j 桩和 k 桩的相互作用系数
$[\beta]$	单元各边中点转角转换关系矩阵
β_i	$= \cosh[\mu(L - z_i)]$，此处 μ 为桩特定系数
γ_0	群桩基础的安全等级
γ_{si}	单元各边的横向剪应变
γ_{xi}	单元节点 x 方向的剪应变
γ_{yi}	单元节点 y 方向的剪应变
π_p	桩基础的总势能
σ_i	第 i 桩桩端处应力
Γ^*	单元各边转换关系矩阵元素
ψ_{xi}	单元各边中点处 x 方向的转角
ψ_{yi}	单元各边中点处 y 方向的转角
κ	曲率和扭率
μ	板的泊松比
Π	目标函数
ω	筏板弯曲曲面的横向位移
∇	二维坐标梯度运算算子

目　录

第1章

绪　论

1.1　课题的提出和研究意义

1.1.1　课题研究背景

随着经济建设的飞速发展,高层建筑和其他一些大型市政构筑物越来越多。单独的片筏基础往往仅能满足承载力方面的要求或能够提供大部分的承载力,却不能满足对于基础整体沉降和差异沉降方面的要求。由于在控制沉降和满足承载力方面的优势,桩筏基础得到了越来越多的应用。

桩筏基础的沉降包括整体沉降(平均沉降)和差异沉降。差异沉降是基础工程设计中一个比平均沉降更为关键的因素。如何布桩使差异沉降最小是当前设计中尚未解决的一个问题。相对而言,平均沉降产生的影响要小一些,而且可以通过预留沉降的措施来解决。针对建筑物性质的不同,其对这两部分沉降的要求也不同,一般情况下,建(构)筑物可以承受一定大小的整体沉降,而对于差异沉降的抵抗能力较弱。为了控制基础的差异沉降,地基基础规范中采用控制平均沉降大小的方法来实现。尽管基础的平均沉降减小,会使差异沉降减小。但是,一般的基础均可以接受一定程度的平均沉降,对于差异沉降较敏感。采取完全控制基础平均沉降的方法来控制差异沉降,会使得布桩数量增多,筏板厚度增大,从而造成很大的资源和资金浪费。较合理的方法是控制基础的平均沉降在一个可接受的范围内,通过优化方法调整布桩数量、直径大小、长度和布桩位置以及筏板厚度等一系列设计优化变量,使得桩筏基础的差异沉降最小。因此,随着桩筏基础的广泛应用,基于控制差异沉降的桩筏基础优化分析的研究,必要性也越来越明显。

桩筏基础应用的广泛性和目前其分析设计方法的落后形成了鲜明的对比,即桩筏基础优化设计的迫切性和其目前研究水平的不相适应性二者产生了一个尖锐的矛盾,这正是推动桩筏基础研究水平迅速发展的不竭动力。这一矛盾产生的根源在于桩筏基础事物本身的复杂性,同时与传统桩基础设计思想在研究者脑海中形成的烙印也密切相关。对于桩筏基础设计,可以采用由整体到局部,再由局部到整体的分析思路来把复杂事物简化,最终再集合来分析整个系统。对于传统桩基础设计只能尊重科学,解放思想来解决。

1.1.2 理论研究的趋势

在 20 世纪 90 年代后,桩基础领域研究的重点逐步倾向于桩筏基础方向。一方面,因为桩基础经过几十年的研究基本可以满足工程上的需要,同时在现有分析方法上提出有实质性进展的方法已越来越困难。另一方面,得益于 90 年代后计算机软硬件水平的飞速发展,使得各种数值分析方法,如边界单元法、有限单元法等恢复了在桩基础领域内的活力,从而使桩筏基础这一复杂体系的广泛分析研究成为可能。

桩筏基础研究领域的活跃促成了各种桩筏基础分析方法层出不穷,其由低级到高级发展的产物就是桩筏基础优化设计。正如结构领域内工程结构优化是工程结构分析发展的高级产物一样,桩筏基础优化设计同样也是桩筏基础研究发展的结果。

目前为止,桩筏基础的优化设计研究从分析的角度出发可分为两类。第一类,基于工程经验的分析方法,它包括多方案比较方法和抽桩分析方法。这两种方法可以看作是局部范围内的最优解,由于布桩方式的确定以及抽桩原则都包含了诸多的经验因素,由此得到的结果与真实的最优解差距较大,同时缺乏充分的理论依据。第二类,基于简单优化理论的优化设计方法,该方法中桩筏基础分析中均采用简化的经验公式,分析过程过于笼统和简化,没有深刻且如实的反应优化过程中各变量变化对于整个桩筏体系的影响。针对上述分析方法存在的问题,提出了以控制基础的差异沉降为目的,对桩筏基础的各组成变量进行优化布置的研究课题。

虽然桩筏基础优化研究无论是国际上还是国内都处于起步的阶段,但已经有越来越多的科研工作者在这片尚待开垦的领域播下了智慧的种子。

1.1.3 课题研究意义

该课题的研究将桩筏基础分析这一复杂过程与数学优化理论真正结合起来,即建立了桩筏基础优化分析的模型。从而克服了目前桩筏基础优化分析中存在的诸多问题,更能客观地、准确地反映问题的实质,它是桩筏基础按变形控制设计的深化与发展。

随着高层建筑越建越高,为确保建筑物的安全使用,桩也越来越长,筏板也越来越厚,从而使基础造价上升幅度过大,浪费了不少建设资金。因而,采用合理的优化方法使桩筏基础的平均沉降控制在允许的范围内,而差异沉降最小,可大量减小筏板的厚度、配筋量和用桩数量,带来巨大的经济效益;同时,可减小由于基础变形对上部结构产生的次生应力,省去结构设计中考虑次生应力影响的麻烦。因此,这是一个理论水平高且实践意义重大的课题,其重要性也随着我国近年来土木工程建设的热情也越来越高。

1.2 桩筏基础分析方法综述

1.2.1 绪言

在桩基础研究领域,从太沙基认为的"无需细化研究"[1]到现在研究方法的百花齐放,这一桩基础研究发展的历史值得现代人从历史、哲学和科学的角度去深思。

桩基础的研究自从 Poulos 和 Randolph 在 20 世纪 70 年代提出各自的分析方法之后,各种桩基分析方法更多地集中于土体特性的准确模拟和桩土合理的作用模式,对于方法本身并无实质性的改进。桩筏基础的研究主要集中于 Poulos 和 Randolph 研究团队提出的一系列相关方法,近来也无突破性的分析方法提出。由于计算机硬件水平的提高和通用分析软件的出现,桩筏基础的研究逐步倾向于数值模拟分析领域。

桩筏基础可以分解为桩土体系和筏板两部分,下面分别针对桩基础,地基板的分析和桩筏基础的研究情况进行概述。

1.2.2 桩基础研究综述

桩基础的研究有着悠久的历史,有关桩基础分析方法的综述性文献林林总总,其分析方法主要包括弹性理论法、荷载传递法、剪切变形法、分层总和法和有限单元法以及经验公式法等几种。多余的赘述已无必要,在此着重论述几大桩基分析体系的特点和其发展形成的过程。

桩基础的研究分析方法可以分为以下几个大的体系:① Butterfield 体系;② Poulos 体系;③ Randolph 体系;④ Chow 体系;⑤ Shen 体系;⑥ 有限元法体系;⑦ 有限层体系法。

1.2.2.1　Butterfield 体系

该分析体系可称为边界单元方法或边界积分方法。边界单元法是由 R. Butterfield 和 P. K. Banerjee(1971)提出的[2],仅需要在桩土交界面上进行单元划分,其求解方程的数量要远小于有限单元法。该方法分析桩基础时采用 Mindlin 弹性基本解为基础,其分析结果从理论上颇显严谨,不仅考虑了桩端应力分布的不均匀性和桩端半径与桩身半径的不等性,而且通过考虑桩土体系的侧向应力和位移来反映桩体的存在对土体连续性的影响[3]。该方法只是假定每个单元的桩土交接面上的竖向剪应力均匀分布,其主要缺点是数值实现的复杂性和计算量偏大,在很多情形下如此精细的分析结果与近似分析方法很接近。在此方法基础上,Banerjee 提出了一个能够分析非线性和非均匀土体中桩基础的方法[4],但会使得求解方程数量急剧增加,所以,并没有得到推广应用。

1.2.2.2　Poulos 体系

Poulos 桩基础分析方法之所以应用如此广泛,关键在于他找到了一个桩基础分析时精度要求和简便性要求的折中点。Poulos 采用 Mindlin 基本解提出了刚性单桩的分析方法[5],将面积分表达的影响系数化简为一维积分或解析表达式,极大地方便了桩基的分析。在此分析方法基础上,引入了相互作用系数的概念,方便地应用到刚性桩下高承台的群桩分析中[6]。尔后,N. S. Mattes 和 Poulos 采用差分方法来反应桩体的侧摩阻力和桩顶荷载间的关系,实现了压缩性单桩的分析[7]。应用相互作用系数方法可以方便地实现压缩性群桩的分析[8]。由于 Mindlin 基本解仅适用于均匀半无限线弹性体中,Poulos 针对非均匀土体中的桩基础分析提出了近似处理的方法[9]。针对 Poulos 分析方法计算沉降值偏大和桩顶分担荷载比差别偏大的情况,Poulos 根据桩侧土体中应变水平的变化提出了土体模量变化的简化模式,从而减小了该方法分析群桩时相互作用系数偏大的问题[10]。

Poulos 桩基础分析方法的详细综述可参见第 29 届朗肯讲座[11]。Xu 和 Poulos 采用边界单元方法提出了真三维状态下的桩基础分析方法,桩体的荷载和位移均包含 6 个分量[12]。

1.2.2.3　Randolph 体系

Randolph(1978)在量纲分析和桩体平衡方程简化处理基础上,提出了均匀土中刚性单桩和压缩性单桩的分析方法,并类推应用到土体模量随深度线性变化的非均匀土体中。该方法的突出优点是给出了单桩的位移和桩顶荷载关系的解析表达式[13]。在上述单桩分析方法基础上,Randolph 提出了刚性群桩和压缩性群桩的分析方法,采用了一定的近似处理,给出了压缩性群桩中联系外荷载和位移的关系矩阵。这种群桩分析方法无需划分桩土体单元,计算量较小,而且分析简便[14]。为了拓展桩基础数值分析的广泛性,Randolph 针对桩基础数值时分析采用的计算机语言和其分析中的注意事项给出了自己的见解[15]。Wei Dong Guo 在 Randolph 方法[13-14]和 Chow 方法[16]基础上,假定桩顶处土体剪切模量为零,沿深度分布规律可采用幂函数的形式,采用贝赛尔(Bessel)函数的表达形式对非均质土中群桩进行了弹塑性分析[17]、黏弹性分析[18-19]。针对超固结土体桩顶处剪切模量不为零,Wei Dong Guo 在上述基础上发展了其分析方法[20]。这类方法提供了一种快速分析大规模群桩位移的途径[21]。

1.2.2.4　Chow 体系

传统的观点认为,荷载传递的桩基础分析方法仅能分析单桩而不能应用到群桩分析中。如果仅应用荷载传递方法确实不能分析群桩,但融合其他的桩基础分析方法,却可以进行群桩的分析。O'Neil 在单桩的荷载传递方法基础上,结合点对点的 Mindlin 基本解实现了群桩分析[22],不足的是该方法需要迭代计算。Chow 在此基础上,基于 Randolph 单桩分析理论[13]的理论荷载传递曲线[23]，摒弃了传统的经验荷载传递曲线形式[24-25]，提出了土体切向剪切模量的概念，实现了不用迭代计算的桩基础分析方法[26]。其中，桩的分析采用了一维杆单元的方式。该方法可以方便地应用到桩筏基础分析中去。所以，很多桩筏基础研究中应用该方法。与此方法类似，针对分层土体情形，基于各层土体间不连续的假设，仅考虑同层土体间的相互作用，Chow 得出了一种成层土中群桩的分析方法[26]。为了更准确地分析非均匀土体的群桩，Chow 采用有限元方法和傅里叶级数来计算土体的相互作用系数，提出了一种竖向和水平向受荷群桩的分析方法[27]。分析大型桩基础时，由于桩体划分成单元会使得最终形成的柔度矩阵很大，其求逆运算较慢，为了克服这一问题，Chow 提出了一种迭代分析方法[28-29]，各桩相互作用分析时仍需划分单元，但最终形成的柔度矩阵仅与群桩中的桩数相关，与单桩划分单元数量无关，从而使运算速度得到提高。

1.2.2.5　Shen 体系

该方法体系是桩基础分析方法近期的研究成果之一，首先采用多项式有限项幂级数的形式来表示群桩中单桩任意深度处的位移，然后将桩体的弹性应变能，桩土间侧摩阻力和端阻力作的功以及外荷载作的功来表示系统的总势能，根据最小势能原理，采用变分方法可以得到桩土体系的刚度矩阵。根据桩土体分析模型的不同，可以分为采用荷载传递关系的模式和采用半无限连续体的模式。Shen 分别针对两种桩土体模型推导并给出了求解的过程和方法[30-31]。采用第一种模式，他解决了 Randolph 群桩分析方法[14]中近似处理的问题，给出了一个严密的解决方案。对于半无限连续体情况，还需假定桩侧剪切应力的分布模式才能计算，可采用多项式幂级数的形式，相关的系数可以在推导中消去，这一假定的影响不大。该方法的突出优点是不需要划分桩土体单元，而且能够给出联系群桩桩顶荷载和桩顶位移的刚度矩阵,这对于分析群桩基础时显得尤为方便。为了使桩基础变分分析方法更具实用性,Shen 提出了一种实用的简化计算方法[32]。

1.2.2.6 有限元体系

在桩基础研究的早期,由于受当时计算机发展水平的限制,对桩基础进行有限元分析被认为是一个极其耗时的过程,一般仅简化为轴对称或平面应变问题来处理[33]。Ottaviani 进行了单桩和群桩的三维线弹性分析,没有接触面单元[34]。Desai 和 Appel 对线弹性和非线性土体中水平受荷单桩进行了三维有限元分析[35],并采用了考虑桩土间滑移的接触面单元。Faruque 和 Desai 对单桩进行了材料非线性和几何非线性三维有限元分析[36]。Muqtadir 和 Desai 对桩基础进行了三维有限元分析,土体可取弹性,非线性和弹塑性硬化等模型,桩土间设置了薄层接触面单元[37]。有限单元方法的优点是可以相对准确地模拟土体的实际分布情况,可选用已有的诸多本构模型,可以方便地设置接触面单元来更合理地反映桩土之间的接触情况;其缺点是桩土体需要划分单元,其建模量相对偏大,该方法的计算量也较大。进入 20 世纪 90 年代后,计算机技术取得了突飞猛进的发展,而实际中桩基顶部多设置筏板,所以,运用有限元方法分析桩筏基础的逐渐增多,而单独分析桩基础已无实际必要性,所以,近年来研究的较少。近期出现了一些岩土类专用数值分析软件,但他们不全是采用有限单元方法来运算,如 PALXIS、FLAC2D、FLAC3D[38]等。

1.2.2.7 有限层法体系

实际中土体多呈层状分布,因此,采用有限层理论分析地基土更加合理,这得益于 Small 和 Booker 有限层方法分析弹性地基的研究成果[39-40]。Guo 首次尝试采用无限层理论分析地基土中的单桩[41],为有限层方法分析桩基础做了铺垫。尔后,Lee 和 Small 首次采用有限层方法对均质和横观各向异性土体中的桩基础进行了分析[42]，桩体采用有限元结构单元，土体柔度矩阵采用基于汉克尔(Hankel)变换的有限层方法计算。Southcott 和Small 也对此进行了分析和参量研究[43]。将有限层方法和 Chow 的混合方法[16]相结合，Lee 提出了混合层桩基础分析方法[44]，可以对层状地基中桩基础进行弹性和非线性分析。

1.2.3　地基板的数值分析方法综述

在基础板的实际应用过程中，随楼层高度的变化，基础板的厚度可能由薄板范围过渡到厚板范围，建筑设计的要求使得基础板平面几何形状可能为不规则的任意形状，一些设计使用功能的要求使得板所受的约束条件和边界条件复杂多样，板所承受的荷载可能为均匀分布的荷载或者为作用于任意位置的集中力荷载以及线荷载等形式。在简单的解析解不能满足上述要求的条件下，为了解决这些问题，出现了一系列的数值分析方法。

1.2.3.1　有限差分方法

有限差分方法是一种数学上的近似处理，将板或者板与土体的基本微分方程和边界条件用差分方程来代替，从而将问题简化为求解代数方程组来求解。该方法在地基梁和地基板的分析中应用较早[45-47]，现在已被其他的方法逐步取代。有限差分法的缺点是对于几何形状复杂，边界条件多样的基础板在边界处很难处理。文献[48]对混合边界条件下的薄板进行了分析，但要求板的几何形状为矩形，因此，这些限制条件使得差分法不便于实际应用。

1.2.3.2　有限单元方法

地基板的有限元分析首先是由 Cheung 和 Zienkiewicz(1965)实现

的[49]。筏板模型采用任意刚度特性的矩形板,分析中仅考虑筏板下土体的竖向抗力。在此基础上 Cheung 和 Nag(1968)采用类似方法分析了考虑土体水平抗力的地基板[50]。这两类分析方法中将土体的反力均作为集中力作用到板单元的结点处,Svec 和 Gladwell(1973)改进了该分析模型,采用了连续分布的土体抗力模型[51]。Yang(1972)运用有限元方法分析了双参数弹性地基中的筏板[52]。Fraser 和 Wardle(1976)采用有限单元方法分析了层状土体中的地基板[53],但仅局限于承受均匀分布面荷载的地基板。Rajapakse 和 Selvadurai(1986)对弹性地基板的有限元分析方法的应用进行了评述[54]。

1.2.3.3 有限条元方法

有限条分法首先由 Y. K. Cheung(1976)提出[55],是一种半解析半数值分析方法,实质上为位移型有限元的一种特殊形式。与有限元法划分单元类似,它将分析模型离散为条元。有限条法可以将二维问题化为一维问题,三维问题化为二维问题来进行处理。由于自由度的减少使得其计算效率提高,而且精度满足要求。该方法在地基基础领域内主要用来分析梁板墙等结构。应用于三维问题中就是有限棱柱法,主要用于分析厚板或厚梁。用该法分析地基梁或板时,一般都和 Winkler 地基或双参数弹性地基模型相结合进行分析[56-57]。有限条元方法的主要缺点是仅适用于比较规则的均匀连续体,从而限制了它的进一步应用。

1.2.3.4 边界单元方法

Katsikadelis 和 Armenkas(1984)采用边界单元方法对地基板进行了分析,土体模型采用文克尔地基模型[58-59]。Costa 和 Brebia(1985)此后也进行了类似的分析[60-61]。Katsikadelis 和 Kalivokas(1988)采用边界元法对双参数地基模型下的地基板进行了分析[62]。Sapountzakis 和 Katsikadelis

(1992)运用边界单元方法分析单边支承条件下的文克尔地基中的地基板[63]。Jianguo(1993)采用直接边界积分方程表达式对文克尔地基中的弹性厚板进行了分析,板模型选用 Reissner 厚板理论[64]。Mandal(1999)将边界元和有限元结合来分析地基板[65],板采用 8 节点等参单元,土体采用边界元分析,该方法特别适合于开挖土体后设置的地基板分析。边界元计算所需参数的试验确定较为困难,不论是板荷载试验还是间接测试方法,仅能测得测试区附近的地基模量,不能代表整个土体的模量,受此限制边界元法分析地基板应用偏少。

1.2.3.5 无单元法

无单元法的思想最早由 Nayroles 和 Touzot(1992)等人提出,当时称为虚拟单元法(Diffuse Element Method)[66]。Belytschko 和 Lu(1994)等人对虚拟单元法进行了改进,提出无单元伽辽金(Element-free Galerkin Method)[67]。Lu 和 Belytschko(1994)等人将无单元伽辽金方法作了进一步的改进[68]。周维垣(1998)对无单元法在平面弹性连续体问题中的应用作了探讨[69-70]。无单元法已用来分析 Winkler 地基、双参数地基和半空间弹性地基上的薄板[71-74],并且可以与 Mylonakis 与 Gazetas 桩基分析模型[75]结合来分析桩筏基础[76]。

1.2.3.6 加权残数方法

加权残数方法,又称加权余量法,是一种求解微分方程的强有力的数值方法[77]。不仅可以分析 Winkler 地基上的板[78],而且可以分析双参数弹性地基模型上的板[79]。该方法的优点是直接从控制方程出发,理论上简单易懂,计算量较小;其缺点是试函数的选取不统一,计算精度时好时坏,难以控制和预测。为了克服上述缺点,出现了加权残数有限元方法来分析弹性力学问题[80]。

1.2.3.7 样条函数能量法

用含有待定系数的样条函数,多为 3 次样条函数,来模拟基础板中面的连续位移函数,不从微分方程出发,而是根据最小势能原理对能量的 2 次泛函求极值来建立地基板的总刚度矩阵方程。现在样条函数方法可用来分析薄板的大挠度弯曲问题分析[81-82]。样条函数方法不仅可以用来分析 Winkler 地基模型上的板,而且可以分析 Selvadurai 地基模型上的板[83]。

1.2.4 桩筏基础分析方法综述

1.2.4.1 简化分析方法

Randolph(1983,1994)将单桩和桩帽分开进行考虑,采用了单桩下桩筏相互作用系数来表达单桩下桩筏基础的刚度,并且将之直接应用于群桩下的桩筏基础分析。该方法既可以求平均沉降,又可以求得简单基础形式下的差异沉降[84-85]。Randolph(1993)考虑到桩筏基础数值分析的复杂性,提出了一个桩筏基础简易分析方法,并对如何优化减少基础中桩数作了论述[86]。Burland(1995)提出了减沉桩下桩筏基础的分析方法[87],但是,Burland 没有给出桩筏基础沉降的计算表达式,可以采用 Randolph 给出的一个近似表达式[85]来完善该分析方法。

1.2.4.2 数值分析方法

1. 边界元方法

Poulos(1968)首次提出了刚性桩下刚性筏板的桩筏基础分析方法[88],而在此之前只能分析高承台的桩筏基础。Butterfield 和 Banerjee(1971)基于 Mindlin 基本解答采用边界单元方法,提出了压缩性群桩下刚性筏板的桩筏基础分析方法[89]。Davis 和 Poulos(1972)根据单桩与桩顶刚性圆形板的相互作用关系,提出了一个近似的刚性板下桩筏基础分析方法[90]。Kuwabara(1989)采用边界单元方法,对刚性板下桩筏基础的特性进

行了详细分析[91]。Mendonca(2000)应用边界单元方法,对薄板下的桩筏基础
进行了分析,分析时桩作为一个单元,侧摩阻力假定服从二次多项式分布[92]。

2. 有限元方法

有限元分析桩筏基础的初期,多采用平面应变或轴对称方式来进行简化
处理。Hooper(1973)应用轴对称有限元方法,对桩筏基础的特性进行了分
析[93]。Ottaviani(1975)对刚性板下的压缩性桩组成的桩筏基础进行了三维
线弹性分析[34]。Muqtadir 和 Desai(1981)运用三维有限元方法对桩筏基础进
行了分析[94-96],研究了筏板、桩和土体之间相对刚度对于荷载分担和位移分
布的影响情况。Griffths(1991)采用有限单元法分析了薄板下的桩筏基
础[97],筏板采用三角形等参元或矩形单元,桩体采用杆单元,各种相互作用采
用基于 Randolph 单桩分析的荷载传递系数方法[13,23]和 Mindlin 点—点相互
作用的结果。Chow 和 Teh(1991)采用有限单元方法,对非均匀土体中桩筏
基础进行了分析[98]。Iyer(1991)也对桩筏基础进行了三维有限元分析[99-100]。
Smith(1998)在三维有限元基础上,引入了并行算法,解决了桩筏基础分析耗
时的问题,从而可以在短时间内分析大规模桩筏基础[101]。

3. 混合方法

混合方法主要指桩筏体系中桩土的分析和筏板的分析采用不同方法
进行,将二者结合起来分析桩筏基础。

Hain 和 Lee(1978)对桩土之间采用位移的相互作用分析,筏板采用薄板
的有限单元法来分析桩筏基础[102]。Poulos-Davis 从桩筏基础中,取出单桩和
其上部的桩帽采用 Mindlin 解积分的形式来分析,然后利用相互影响系数的
方式来分析群桩下的桩筏基础,最终可以通过建立位移协调方程和力平衡方
程来求解[8]。该方法可以求得平均沉降,但无法求得差异沉降(或者仅能求
得与布桩数目相等的沉降)。Poulos(1991)提出了 GASP 方法[103](Geotechnical
Analysis of Strip with Piles),针对筏板单位宽度下某一截面的条带进行分析,
桩简化为弹簧,同时考虑条带外土体受荷产生沉降的相互影响,可以求得条

带任意一点的沉降和弯矩。该方法存在的问题是不能求解筏板的扭矩,而且从条带不同的两个方向计算的沉降值不一致。Poulos(1994)对桩基础分析采用边界单元方法,筏板采用有限差分方法来分析桩筏基础[104]。与之相类似,Russo(1998)将筏板采用薄板有限元分析,采用双曲线荷载位移曲线来考虑桩的非线性,各部分相互作用采用线弹性理论,相互作用系数采用曲线拟合方式确定,极大地缩短了分析的时间[105]。Poulos(2001)提出了桩筏基础设计的 3 个阶段,桩筏基础设计时可根据情况考虑筏板下土体的承载能力,桩的设置偏重于控制沉降,并给出了该类型基础的使用条件[106]。

Clancy(1993)将筏板作为弹性薄板,桩土体系采用 Chow 的混合方法[16],提出了一个近似桩筏基础分析方法[107]。然后在 Randolph 桩筏基础分析方法[84]基础上,提出了一个简化分析方法[107],尔后,假定桩基础对筏板的作用系数为 0.85,给出了一个大规模桩筏基础的最简化分析过程[108]。由于上述模型只能分析竖向荷载,Pastsakorn(2002)在此基础上提出了一个斜桩下桩筏基础的分析方法[109]。

Ta 和 Small 对土体采用有限层方法,桩和筏板采用有限单元方法来分析层状地基中的桩筏基础[110-111],为了能将上述方法应用到大型桩筏基础分析中,提出了一种简化分析方法,即将筏板单元划分为正方形单元,通过拟合一多项式来反映各单元中心点处的位移,从而大大缩短了计算的时间[112],此后又将该方法扩充到分析承受水平荷载的桩筏基础中[113]。

1.2.4.3 变分分析方法

根据 Shen 群桩变分分析的结论[30-31],基于最小势能原理,Shen(2000)提出了刚性板下桩筏基础相互作用的变分分析方法[114]。基于 Shen 半无限弹性土体中矩形筏板的变分分析结论[115],结合其桩基变分分析方法,Chow(2001)提出了考虑筏板刚度的桩筏基础变分分析方法[116],但仅局限于矩形筏板下的桩筏基础。

1.2.4.4 商用软件分析方法

Poulos(2001)运用 FLAC2D 和 FLAC3D 对桩筏基础进行了二维和三维分析[117],分析时,认为存在两个困难,一个是接触面单元刚度的确定;另一个是计算的时间问题。Prakoso(2001)应用 PLAXIS 岩土有限元软件,采用平面应变的方式对桩筏基础进行了分析[118]。Reul(2004)采用 ABAQUS 软件,对桩筏基础进行了三维弹塑性有限元分析,并提出了一个桩筏基础优化设计的方法[119]。Fa-Yun Liang(2003)采用 ANSYS 软件,对带垫层的复合桩筏基础进行了三维线弹性分析[120]。

1.2.4.5 模型试验方法

Cooke(1986)采用模型试验对桩筏基础进行了安全度和沉降的研究[121],其分析的前提是桩筏基础中土体能够提供足够承载力,设置少量的桩仅控制沉降。Horikoshi(1996)通过离心机模型试验分析了软土中的桩筏基础[122-123],其结论是在基础中心部位设置少量桩就可以大量缩小基础的差异沉降。虽然此时平均沉降仍然较大,但是,认为基础设计时应考虑筏板的承载能力,而采用桩承担全部桩筏基础荷载的设计方法过于保守。Xiao Dong Cao(2004)采用模型槽试验研究了砂土上的桩筏基础[124],该类型基础中桩作为地基的加固构件,其顶部与筏板通过垫层相连接。

1.3 桩筏基础优化研究综述和遗传算法在岩土工程中的应用

1.3.1 桩筏基础优化研究综述

桩筏基础优化是桩筏基础研究发展进入高级阶段的产物。他将地基基础领域和属于运筹学分支的数学规划论结合起来,属于交叉学科的应用型研究。进入 20 世纪 90 年代后,随着计算智能技术的突飞猛进,使得工程优化领域的研究摆脱了传统优化方法的束缚和限制,从而进入了一个新的发展阶段。

Poulos(1980)[8]已经意识到桩基础的优化问题,指出超过一定限度后过长的桩和过多的桩数对控制桩基础的沉降作用不明显。国内,杨敏对(2000)减沉桩基础中桩数和沉降曲线的研究[125]应属于优化分析,如同 Randolph(1994)提出的 3 种不同的桩筏基础类型[85],本身体现的就是桩筏基础优化分析不同发展阶段的成果。下面以研究时间为顺序对桩基础、地基板和桩筏基础优化分别进行论述。

1.3.1.1 桩基础优化

Chow 和 Thevendran(1987)按优化理论对群桩进行了优化分析[126],目标函数为群桩中各桩桩顶荷载相等,约束条件为群桩的总桩长一定,优化变量为桩长。

Hoback 和 Truman(1993)基于结构设计中的优化准则法,以群桩重量最轻为目标,对桩基础进行了优化分析[127]。

金亚兵(1993)采用方案比较的形式来分析刚性高承台下的桩基础优化问题[128],其优化的目标是桩顶反力的均匀化,优化的变量主要是桩距和桩径,采用减小边桩、角桩桩距,增大角桩、边桩桩径的方式,即所谓的外强内弱的布桩方式,该方式布桩虽然使单桩桩顶的反力趋于均匀,但会使得桩顶筏板的弯矩和内力增大,不合理。

盛兴旺(1991,1995)采用约束变尺度法对桩基础优化进行了分析[129-130],优化变量为桩径、桩数和桩长等,目标函数为承台和桩的混凝土造价以及钢筋造价之和最小,约束条件包括性态约束条件,如承载力,位移和内力约束,和几何约束条件,如偏心约束和最小桩距等。该分析中没有考虑群桩的相互作用,采用的优化方法需要计算迭代点处的梯度,且对线性展开点有要求。

Tandjiria(1996,1997)运用有限单元方法和优化技术来优化桩筏基础[131-132]，分析中需要进行敏度分析，分别采用差分方法和半解析方法。该分析方法过于复杂化，他直接把结构优化中的方法用到桩筏基础优化中，而有限元法分析桩筏基础是各种分析方法中计算量最大的，不可能具有实际应用的潜力。

吕安军(1998)采用 Lagarange 乘子法对条基和筏基下桩基础进行了优化分析[133]。优化变量为桩的位置，目标函数为基础沉降差最小，约束条件仅为坐标的区间范围和桩距要求。

何水源(1999)对群桩基础进行优化分析[134]，分析中采用经验公式，承台假定为刚性，优化方法不清楚。

Barakat(1999)基于桩基础的可靠性和考虑桩体随时间而锈蚀的幂函数关系，进行了水平受荷桩的优化分析[135]。该优化分析仅分析了特定变量变化下的规律，由于是离散的变量，很难达到最优解。

Valliappan(1999)基于结构优化分析的方法，采用有限单元法分析桩筏基础，采用序列二次规划或简约梯度法等优化方法来进行桩筏基础优化[136]。结合桩筏基础敏度分析和约束近似技术，减少了有限元分析中网格的重新剖分次数和求导运算的次数。其桩筏基础分析模型能反映实际，但优化方案仍基于多方案比较和参量分析的方法。

张冬梅(2000)对粉喷桩加固地基进行了优化分析[137]，优化变量为桩长和水泥掺入比，目标函数为基础沉降最小，约束条件是水泥的用量一定。该分析中没有用到优化数值分析方法，仅进行了参量变化分析，然后进行曲线拟合，在此基础上人为选取优化方案。

Prakoso(2001)基于矩形筏板前提下的桩筏基础平面应变数值分析结果，通过参量分析，总结出一个桩筏基础优化的过程，重点仍然在内强外弱的布桩方式上[118]。由于参量分析结果来源于规则外形桩筏基础的平面应变分析，优化结果依赖于参量分析，无论是分析模型还是优化模型上都不严谨，缺少说服力。

张武(2002)对竖向抗压和抗拔单桩进行了优化分析[138]。单桩分析模型采用建筑桩基技术规范，优化变量为桩长和桩径，优化目标函数为桩体体积最小化，约束条件包括承载力约束、桩体强度约束、稳定性约束、位移约束、长径比约束等，优化方法采用结构设计中的准则法。该方法将单桩作为承受侧端阻力的结构杆件来分析，采用结构优化准则法中的满应力设计方法。

熊辉(2003)以桩数、长径比和桩径为优化变量，以体系周期最小为目标函数，采用抽桩分析方法和复合形直接优化方法，对桩基础进行了动力优化分析[139]。

冯仲仁(2003)采用二进制编码的自适应传统遗传算法(Adaptive Simple Genetic Algorithm)对深层搅拌桩进行优化[140]，优化变量为搅拌桩面积置换率、桩长和掺灰比，目标函数为水泥用量最省，约束条件包括单桩竖向承载力约束、复合地基承载力约束、下卧层强度约束和基础沉降约束等。

宰金珉(2003)以复合桩基非线性设计理论为基础，以控制差异沉降为目标，对桩基进行了非线性优化设计[141]。其优化过程依赖于人为的反复调整桩位和桩数。

1.3.1.2 地基板优化

孙铁东(1995)采用二维渐进搜索方法，对片筏基础进行优化分析[142]，优化变量为筏板单边尺寸，以筏板总面积最小为优化目标，满足悬挑长度要求和承载力要求为约束条件。该分析中采用力平衡法分析地基板，不能反映地基板受荷变形的真实情况，为在优化中避免使用目标函数的偏导数，采用的渐进搜索方法在应用中存在很大局限性。

何水源(1999b)基于简单的经验公式对群桩基础中矩形承台进行优

化[143]，优化变量为承台尺寸，目标函数为承台混凝土用量最省，约束变量为承台的抗剪切、抗冲切和沉降要求等，采用的优化方法不清楚。分析模型中采用经验公式，没有采取桩筏基础分析方法来如实反映所研究的基本问题，筏板优化仅局限于矩形筏板。

1.3.1.3　桩筏基础优化

茜平一(1994)在法兰克福大楼的内强外弱的布桩方式基础上进行了优化分析讨论[144]，并提出了墙柱处板下强，跨中板下弱的布桩原则。内强外弱的布桩方式会减小筏板的弯矩和内力，整体沉降略有增加，但筏板厚度的减小会使基础造价大大降低。

陈晓平(1995)采用系统分析方法将桩筏基础分为桩土体系和筏板体系分别进行优化[145]，进而将二者组合成一个大系统进行分析，该分析属于定性分析。桩筏体系是一个整体，其相互作用相互影响，若分开单独优化难以体现之间的作用，所以，优化的结果并不是最优解。

阳吉宝(1996)认为，桩筏(箱)基础优化设计的目标函数应是总造价最小，按有关规范作为约束条件，采用优化理论进行分析[146]。阳吉宝(1997)采用桩筏分析的经验公式，结合复合形优化算法对桩筏基础进行分析[147]。优化变量为筏板厚度、桩长、桩间距和桩数，优化目标函数为底板和群桩总造价最小，约束条件包括基础刚度约束、沉降量约束、底板厚度约束、桩长约束、桩间距约束和桩数约束等。该分析的主要问题是，桩筏基础分析采用简单的经验公式，其成立有特定的条件，在优化过程中不足以真实反映桩筏基础的实际。阳吉宝(1998)采用子结构分析方法和厚板理论来分析桩筏基础[148]，优化变量为桩长和筏板厚度，根据各桩桩顶沉降差异最小来优化桩长，根据底板最大弯矩来确定板厚，同时满足基础总造价最小，采用复合形优化方法进行优化。复合形法并不总是可行的，他要求可行域为凸集，当试验点沿约束分布时，搜索速度显著下降，得不到最优解[149]。

李海峰(1998)以桩数为优化变量,桩筏基础总造价最小为目标函数,以满足建筑桩基技术规范的承载力、沉降、剪切、冲切、抗弯和构造要求等为约束条件,对桩基础进行了方案比较并结合抽桩分析方式的优化[150]。分析中桩土简化为文克尔模型,筏板采用薄板有限元分析。

周正茂(1998)对外疏内密的桩筏基础布桩方式进行了定性讨论分析[151]。

Horikoshi 和 Randolph(1998)采用等效墩的简化桩基分析方法和近似桩筏基础分析方法来对桩筏基础进行优化[152]。其方法基于对 4 个相互联系的参量进行参量分析,且局限于基础中心部位布桩的方式和筏板为矩形的基础,只能求得变化规律,不能得到最优解答。

刘金砺(2000)提出了桩基础变刚度调平设计的概念[153],并定性给出了调平设计的步骤,但其优化过程需要根据计算结果人为手动进行反复调解。

陈明中(2000,2004)采用序列二次规划方法(SQP)对桩筏基础进行了优化[154-155],优化变量包括桩长、筏板厚度等,目标函数为桩基础和筏板的混凝土与钢筋的总造价最低,约束条件为强度约束、位移约束和构造条件约束等。仅局限于矩形筏板,桩长优化中人为划分成角桩、边桩和中心桩并固定为统一桩长,从而很难保证优化得到的结果是最优解。

龚晓南(2001)针对桩筏基础设计中"外强内弱"和"内强外弱"两种布桩方式进行分析讨论[156],并指出桩基础设计中的方案比较和抽桩分析得到的结果往往与最优解差距较大,由于桩筏基础沉降计算的复杂性,因此,桩筏基础优化设计面临的困难较大,建议分割成子系统分别进行优化。

张建辉(2001)基于差异沉降最小的原则,对桩筏基础进行了抽桩比较分析和桩位置的方案比较[157]。

Kim(2001)对桩筏基础中桩位进行了深入的优化分析[158]。桩土体系采用弹簧来模拟,群桩刚度采用 Randolph(1979)分析方法计算,不考虑桩土体系的相互作用,优化方法采用递归二次规划法(RQP),采用筏板变形后曲面的梯度向量的二范数最小化为目标函数。采用递归二次规划优化方法需要计算海森矩阵（Hassein matrix），即使对桩筏分析模型采用诸多简化，整个分析过程仍然非常繁琐，说明了传统的优化分析方法在桩筏基础优化中的局限性。

党星海（2002）在桩筏基础简化分析模型基础上，对端承桩基础进行了优化分析[159]。采用悬臂梁比拟筏板与柱周围各桩的联系，以差分法计算筏板弯矩。优化变量为筏板厚度，等效悬臂梁长度、桩径、板的配筋面积和桩的配筋面积，目标函数为总造价最小，采用的优化方法为变容差主动约束可行方向法。

邹金林（2004）通过迭代计算来分析嵌岩桩下桩—承台优化设计[160]，优化变量为桩径，优化目标函数为桩承载力和桩顶承担荷载接近，采用的优化方法文中没有说明，以单桩桩承载力作为约束条件。该分析主要问题是桩简化为弹簧且不考虑相互作用，地基土作用忽略，从而使该方法仅适用于大直径嵌岩桩基础优化分析。

刘毓氖（2004）采用正交试验和基于近似理想点排序方法的多目标决策技术来研究桩筏基础的优化问题[161]。优化变量为可选桩长、桩径、桩距和筏板厚度等，目标函数为筏板的差异沉降最小和总造价最小，约束条件为满足基础的强度和变形的要求。该方法的突出问题是最优解取决于参与正交试验的各初始方案，求的是离散变量中的最优值，而并非求解域中的最优值。同时，多目标决策中目标权重难以确定。

Reul（2004）基于桩筏基础三维弹塑性有限元分析，结合方案比较和参量分析手段来进行桩筏基础优化研究[119]。该分析不局限于传统优化时均匀分布荷载的假定，可以是任意形式的荷载。

1.3.1.4 评述和总结

针对上述桩基础、地基板和桩筏基础优化过程中存在的一些问题，将其进行规类,见表1-1。

表1-1　桩筏基础优化中的问题

编号	内容描述	不足之处	研　究　者
1	以各桩顶部反力均布化为目标,采用外强内弱的布桩方式	忽略了桩基础对筏板的作用,增大了筏板的弯矩和剪力,使板厚增加	金亚兵(1993)
2	简化桩筏基础分析模型	不考虑桩筏基础的变形协调	茜平一(1994),陈晓平(1995),孙铁东(1995)
		桩土体系采用文克尔模型	李海峰(1998)
		仅适用于大直径嵌岩桩基础	邹金林(2004),党星海(2002)
		不考虑群桩相互作用	盛兴旺(1991,1995)
		简化经验公式	何水源(1999a,1999b),阳吉宝(1996,1997)
		其他简化模型	Kim(2001)
3	方案比较方法	仅根据个人经验随机比较几个可行方案,达不到或不接近最优解	金亚兵(1993),李海峰(1998),Valliappan(1999),Barakat(1999),刘毓氚(2004),Reul(2004)
		根据方案结果人为手动进行调解	刘金砺(2000),宰金珉(2003)
4	抽桩分析方法	仅根据个人经验随机比较几个可行方案,达不到或不接近最优解	李海峰(1998),熊辉(2003),刘金砺(2000)
5	传统或简单优化算法	不能或难以考虑非线性约束,易收敛于局部最优解需要计算梯度信息,起始点有要求	熊辉(2003),孙铁东(1995),阳吉宝(1997,1998),盛兴旺(1991,1995)
		需要计算海森矩阵	Kim(2001)
6	参量分析方法	计算参量变化下目标值的变化,通过曲线拟合得到其变化规律,缺少分析的严密性和精确性	Horikoshi(1998),Valliappan(1999),Barakat(1999),张冬梅(2000),Prakoso(2001),Reul(2004)

桩筏基础优化研究表明,传统的方案比较方法和抽桩分析方法来进行桩筏基础优化分析具有很大的随意性,缺乏分析的严密性,一般很难得到最优解。抽桩分析方法与参量分析方法通过数据点的曲线拟合方式,根据曲线中特征点来进行优化,优化结果通过图形进行人为判断。该分析方法仅能保证得到局部相对优解,缺乏分析的精确性。

由于桩筏基础自身分析的复杂性,若再结合优化分析,将使得这一研究课题的难度更大。因此,以前研究中对桩筏基础分析模型采用了很多简化处理,而不合理的简化处理很难反映桩筏体系的实质特性,从而使得在此基础上的优化分析成为无源之水,无根之木。

传统的一些优化方法虽然具有悠久的研究和应用历史,但都有其各自的局限性,很难适应桩筏基础这一复杂系统中各变量的优化,难以保证收敛于全局最优解。

过分简化的模型虽然计算分析方便,但会造成整个桩筏基础分析的失真。分析模型过于复杂,会使得优化求解困难,势必停留在理论研究阶段。因此,首先要建立一个能够分析变桩长、变桩径、变桩身刚度和变筏板厚度的桩筏基础分析模型和方法,该分析方法必须能考虑桩—土—板之间的相互作用,然后结合近期发展起来的计算智能算法来进行优化设计,才可能使桩筏基础优化不仅能够实施,而且能够得到全局最优或接近于最优方案,从而保证分析结果具有相当的精度和实践指导意义。

1.3.2　遗传算法在岩土工程中的应用

随着工程领域内分析研究的复杂性增加,传统的优化方法在工程优化问题中越来越举步维艰。而模仿生物自然进化过程的进化算法(Evolutionary Algorithms,仿生过程算法)在解决这类优化问题中显示出了优于传统优化算法的性能[162-165]。与之相平行的是仿生结构算法(人工神经网络)和仿生行为算法(Fuzzy 逻辑与 Fuzzy 推理)[166],他们形成了一个新的研究方向——计算智能(Computational Intelligence)[167]。

进化算法包括 4 个研究领域,分别为遗传算法、遗传规划、进化策略和进化规划[168]。遗产算法是其中应用最为广泛的一种算法。遗传算法(Genetic Algorithms,简称 GA)是模拟达尔文(Darwin)的进化论和孟德尔(Mendel)的遗传学说,由 Holland(1975)[169]首先提出的是,一种自适应全局最优化概率搜索算法[170],具有较强鲁棒性,隐含并行性和全局搜索特性,对于一些大型的复杂非线性系统表现出了比其他传统优化方法更加独特和优越的性能(详见文献[170]),在工程优化中显示出了广阔的应用前景。突出优点是兼顾了优化搜索过程中盲目策略和启发式策略[171-172],既探索了最好解又扩展了搜索空间[173]。

遗传算法和一些工程领域中的事物相似,虽然应用中取得了较好的效果,但是,收敛和分析的理论还不够完善[174-175],特别是,针对那些不同于简单遗传算法(Simple Genetic Algorithms)[176]的遗传分析尤为如此。正如Michalewicz 指出的那样,遗传算法正和进化策略逐步融合,而与其发展初期的形式截然不同[177-178]。

遗传算法在土木工程中的应用以结构工程优化占主要部分,已应用到桁架结构[179-184],形状和拓扑优化[185-190],复合材料铺层优化[191-194],布局优化[195-196]和多目标优化[197-200]中。

相比遗传算法在结构工程优化中的应用,其在岩土工程的应用偏少,时间也相对晚一些,集中在 21 世纪初期,主要分布在基坑支护结构的优化,边坡稳定性和可靠性分析,参数的反演分析等方面。

1.3.2.1 基坑支护结构优化

肖专文(1999)[201]对基坑的土钉支护采用遗传算法进行了分析。吴恒(2000)[202]对遗传算法在深基坑支护结构优化的应用进行了评述。贺可强(2001)[203]采用二进制编码形式的遗传算法,对基坑中土钉支护结构进行了优化分析。潘是伟(2003)[204]采用结合小生境技术和保留最优个体策略,对基坑支护结构进行了优化分析。贺可强(2003)[205]采用遗传算法对土钉支护结构的滑动面进行优化搜索,分析其整体稳定性。采用遗传算法对深基坑支护结构进行优化设计的还有潘是伟(2002)[206]、周瑞忠(2004)[207]、陈昌富(2005)[208]。

1.3.2.2 边坡分析

徐军(2000)[209]将遗传算法引入岩土工程中的可靠性分析中。孟庆银(2003)[210]采用遗传算法对土坡稳定性进行了分析,滑动模式假定为圆弧形,优化变量为圆心的位置。邹万杰(2003)[211]采用遗传算法来搜索滑动面对土质边坡进行稳定分析。朱福明(2003)[212]引入小生境技术和父代子代个体比较技术的遗传算法,对土质边坡进行了可靠性分析。陈昌富(2002)[213]提出了一种计算边坡最小可靠性指标和搜索临界滑动面的分布混合遗传算法。陈昌富(2003)[214]将优化分析中 Powell 方法引入遗传算法,来分析边坡的破坏概率。

1.3.2.3 参数反演分析

刘勇健(2001)[215]采用遗传算法来对地基沉降模型中参数进行反演分析,进而分析软土地基沉降。夏江(2004)[216]也采用遗传算法作为反分析的方法,对软土地基沉降进行了预测。陈剑锋(2001)[217]基于比奥固结有限元和遗传算法,对双层地基进行了土体参数的反演分析。高玮(2001)[218]采用实数编码技术和自适应变异算子的遗传算法,进行了岩土工程反分析研究。高玮(2002)[219]采用遗传算法对岩土本构模型中所用参数,进行了反分析。

1.3.2.4 其他应用

金菊良(2001)[220]采用遗传算法代替土坝分析中三段法或二段法分析

渗流时的试算过程,进行均质土坝的渗流分析。旺明武(2002,2004)[221-222]将神经网络和遗传算法结合应用到砂土液化势评价中。冯仲仁(2003)[223]采用自适应遗传算法对搅拌桩复合地基进行了优化分析。王志亮(2001)[224]结合遗传算法和BP神经网络方法对粉喷桩复合地基进行分析。

1.3.2.5 评述与总结

由上述分析可知,是简单遗传算法,还是改进遗传算法或者是更高级的进化算法,都还没有把智能计算技术应用于桩基础和桩筏基础的优化分析中去。参照遗传算法在结构工程和岩土工程优化领域成功的应用,完全可以将这一计算智能技术与桩筏基础通用分析模型结合起来,进行桩筏基础的优化分析和设计,从而取得传统的优化分析方法难以达到的效果。

1.4 本书的主要工作

针对上述桩筏基础分析方法和桩筏基础优化研究的现状以及目前存在的问题,本书开展了以下研究工作。

1.4.1 桩基础分析方法的改进与发展

将Randolph剪切位移方法中桩身位移与桩端位移的函数关系简化为一多项式,并将此与Poulos积分方程法中土体柔度系数矩阵相结合,提出了一种竖向受荷单桩弹性分析的改进计算方法,从而避免了Poulos积分方程法中的差分运算以及由此带来的其他矩阵运算,同时,比Randolph方法能准确模拟桩身剪切应力的分布。

将单桩的改进计算方法应用于群桩分析。这样,提出了一个包含两个待定参数的群桩中单桩的位移函数关系式,由此利用变分原理和最小势能

第 1 章 绪 论

原理推导了群桩的分析过程,最终得出群桩刚度矩阵的表达式,进而可以求得群桩基础中任意单桩任意深度处的位移。对均匀土体和非均匀土体中群桩的位移分析与各种分析方法进行了比较。

以幂函数的有限项级数或双曲余弦函数表示桩侧摩阻力分布规律,基于弹性理论中的变形协调关系、桩体物理方程和力的平衡关系,推导了竖向荷载作用下桩基础的桩顶荷载和桩顶位移之间的刚度矩阵,从而得出了一种分析竖向荷载下的单桩和群桩基础的通用分析方法。群桩中各桩可具有不同的桩长、桩半径和刚度等特性。

1.4.2 桩筏基础通用分析方法与实现

有一种刚性板下桩筏基础的分析方法,基于弹性理论中的变形协调关系、桩体物理方程和力的平衡关系,推导了竖向荷载作用下桩筏基础的荷载和位移之间的刚度矩阵。分析中考虑了四种相互作用,分别为桩-土-桩、桩-土-板、板-土-桩和板-土-板相互作用。基础中各桩可具有不同的桩长、桩半径和刚度等特性。

基于上述刚性板下桩筏基础分析方法,提出了一种竖向荷载下桩筏基础的通用分析方法。筏板分析采用有限单元方法,以厚薄板通用四边形等参单元进行分析。该方法可以分析由任意桩长、桩半径和刚度特性的桩群,任意厚度和几何外形的筏板组成的竖向受荷桩筏基础,避免了筏板分析时选择薄板理论还是厚板理论的困难。并与各种桩筏基础分析方法进行了比较。

有一种桩基础面向对象分析的框架,给出了群桩类和单桩类的实现过程。针对 Poulos 分析方法、Chow 混合分析方法、Shen 变分分析方法和桩基础通用分析方法派生了各自的类分析。然后,提出了桩筏基础面向对象实现的框架,在桩基础类的基础上派生出刚性板桩筏基础类,结合有限元基类的派生类厚薄板通用分析类派生出桩筏基础通用分析类,从而实现了

— 27 —

桩筏基础的面向对象分析过程。

1.4.3　控制差异沉降的桩筏基础优化研究

根据竖向荷载作用下,桩基础通用分析方法和桩筏基础通用分析方法,结合包含 7 个遗传操作算子的改进遗传算法(线性约束优化),提出了控制差异沉降的桩筏基础桩长优化分析模型,并给出了具体的分析步骤。针对桩基础和桩筏基础给出了具体的实例分析和说明;然后,对不同荷载类型下,不同筏板特性、不同土体特性和不同桩体特性下的桩筏基础桩长优化问题,进行了参量分析与讨论。

根据竖向受荷桩筏基础通用分析方法和自行改进的遗传算法,实现控制差异沉降最小化的桩筏基础桩位优化设计,克服了当前桩位优化中存在的诸多问题。针对桩筏基础桩位优化这一特定的应用对象,提出了与之相适应的遗传代码编码方式和 6 个不同的交叉与变异算子,从而能更高效的实现桩位优化分析。然后,针对不同荷载类型、筏板特性,桩土体特性对桩位优化的影响进行了参量分析。

根据桩基础通用分析方法和桩筏基础通用分析方法,结合恰当处理线性约束和非线性约束条件的遗传算法,提出了控制差异沉降的桩筏基础(包含桩基础)桩径优化分析的模型和分析步骤。然后,针对筏板特性、土体特性和桩体特性对基础桩径优化结果的影响进行了参量分析和比较。优化的实例结果说明,采用本文方法进行桩筏基础桩径的优化是可行的。

以遗传优化算法和桩筏基础通用分析方法为基础,对如何确定桩筏基础的筏板厚度进行了分析,优化的目标既要求平均沉降和差异沉降最小,同时,又要满足投资最省原则。针对传统的等桩长等桩径和均匀布桩桩筏基础,提出了一种多目标筏板厚度优化分析方法,分析中尚应满足基础承载力和筏板强度等约束条件。然后,针对经过桩体特性优化后的桩筏基础提出了一种筏板厚度简洁分析方法。最后进行了参量分析,并给出了一具体的实例来说明筏板厚度的具体优化过程。

　　将桩筏基础桩长优化、桩径优化、桩位优化和筏板厚度优化等单变量优化问题结合到一起,针对传统的等桩长、等桩径、均匀布桩的传统桩筏基础和布置任意桩长、桩径的一般桩筏基础,提出了各自的桩筏基础各变量优化分析步骤。在上述分析基础上,提出了最优桩数确定的方法,从而实现了桩筏基础中桩数、桩位、桩长、桩径和筏板厚度优化分析的全过程。

第2章

竖向荷载下桩基础分析方法的改进与发展

2.1 竖向荷载下桩基础弹性分析的改进计算方法

2.1.1 绪言

竖向荷载作用下，Poulos 积分方程法[7]是它的单桩分析方法之一，分析分为 3 步，第一步，Mindlin 弹性基本解[225]沿桩周和桩端进行面积积分，形成土体位移柔度矩阵；第二步，将联系桩身位移和桩侧剪力的微分方程进行差分，形成桩身系数矩阵；第三步，通过矩阵的运算形成待求解方程组，并求得桩侧剪力，进而得到土体或桩身的位移。

竖向荷载作用下，Randolph 剪切位移方法[13]也是单桩分析方法之一，它通过直接求解偏微分方程给出了单桩分析的解析解，其分析过程简洁，但包含了诸多的假定。其中，一个重要的假定是，剪切变形的影响半径 r_m 为常量，实际上，该值从桩顶至桩端是变化的，桩端对应的值小而桩顶对应的值大。Randolph 在形成求解的单桩偏微分方程时，所使用的 r_m 的表达式是与 Poulos 积分方程法求得的桩侧土体位移曲线进行拟合而确定的[13]。既然 r_m 表达式的系数是通过位移拟合确定的,Randolph 方法求得的 w_t/w_b(w_t 代表桩顶位移,w_b 代表桩端位移)和 $P_t/(G_s r_0 w_t)$(P_t 代表桩顶荷载,G_s 代表土体剪切模量,r_0 代表桩半径)与 Poulos 方法相吻合。由于 r_m 取值是通过拟合变形而得到的,因此,Randolph 方法对于桩侧剪应力的分析结果精度相对要低一些。

为了减小 Poulos 单桩分析的复杂性,并能弥补 Randolph 方法计算桩侧剪应力精度上的不足,借助 Randolph 方法中 w_t/w_b 的函数关系式,省去 Poulos 方法中关于桩体微分方程的差分分析过程,仅利用 Poulos 方法中土体位移柔度矩阵来进行单桩的分析,提出了一种竖向受荷桩基弹性分析的改进计算方法;然后,将单桩分析的改进计算方法应用到群桩分析中。

2.1.2 桩基础分析过程

2.1.2.1 Poulos 积分方程法的求解过程

竖向荷载作用下,单桩分析中土体的位移方程为[5]

$$[s^\rho] = \frac{d}{E_s}[s^I] * [\tau] \tag{2-1}$$

式中,$[s^\rho]$ 为土体位移列阵;$[s^I]$ 为土体位移柔度矩阵;$[\tau]$ 为桩周摩阻力;d 为桩径;E_s 为土体弹性模量。

对于桩身的微分方程进行等间距(桩身部分)和不等间距(桩端处)的差分运算,可得到式(2-2)[7]。

$$[\tau] = \frac{d}{4\delta^2} E_p R_A [p^I] * [p^\rho] + [Y] \tag{2-2}$$

式中,d 为桩径;δ 为桩身单元长度;E_p 为桩的弹性模量;R_A 为面积率;$[p^I]$ 为桩身系数矩阵;$[p^\rho]$ 为桩身位移;$[\tau]$ 为桩侧剪应力;$[Y]$ 为与桩顶荷载相关的列阵,具体表达式可见参考文献[7]。

根据土体和桩身的位移协调条件,由式(2-1)和式(2-2)可得出式(2-3)[7]。

$$[\tau] = \left[[I] - \frac{n^2}{4\left(\dfrac{L}{d}\right)^2} \frac{E_p R_A}{E_s} [p^I][s^I] \right]^{-1} * [Y] \quad\quad (2-3)$$

式中,$[I]$为单位矩阵;n为桩身划分单元的数目;L为桩长;其他符号意义同前。

通过式(2-3)可求得桩身的剪应力分布,进而由式(2-1)可求出土体(或桩身)的位移。

2.1.2.2　Randolph 剪切位移法中的位移关系

Randolph(1978)认为,竖向受荷单桩的桩身位移与桩端位移存在以下关系[13],见式(2-4)

$$w(z) = w_b \cosh[\mu(L-z)] \quad\quad (2-4)$$

式中,$w(z)$为深度z处的桩身位移;w_b为桩端位移;L为桩长;z为深度变量。

μ 由式(2-5)至式(2-8)确定。

$$r_m = 2.5\rho L(1-\nu) \quad\quad (2-5)$$

$$\zeta = \ln(r_m/r_0) \quad\quad (2-6)$$

$$\lambda = E_p/G_s \quad\quad (2-7)$$

$$(\mu L)^2 = [2/(\zeta\lambda)](L/r_0)^2 \quad\quad (2-8)$$

式中,ρ为桩身中部土体与桩端土体的剪切模量比值;ν为土体泊松比;r_0为桩半径;E_p为桩的弹性模量;G_s为土体剪切模量。

2.1.2.3　单桩的改进计算方法

根据 Poulos 方法中确定的土体位移柔度矩阵(式(2-1))和 Randolph

方法中桩身位移与桩端位移的关系式(式(2-4)),并应用桩土位移协调关系式,将式(2-4)代入式(2-1)可形成下面的表达式。

$$
\begin{bmatrix}
\beta_1 w_b \\
\beta_2 w_b \\
\vdots \\
\beta_{n+1} w_b \\
P
\end{bmatrix}_{(n+2) \times 1}
=
\begin{bmatrix}
s_{1,1} & s_{1,2} & \cdots & s_{(n+1),1} \\
\vdots & \vdots & \vdots & \vdots \\
s_{(n+1),1} & s_{(n+1),2} & \cdots & s_{(n+1),(n+1)} \\
\lambda_1 & \lambda_2 & \cdots & \lambda_{n+1}
\end{bmatrix}_{(n+2) \times (n+1)}
\begin{bmatrix} \tau \end{bmatrix}_{(n+1) \times 1}
$$

$$(2-9)$$

式中,$[\beta]$ 为系数矩阵;$\beta_i = \cosh[\mu(L-z_i)]$,$i = 1, 2, \cdots, n+1$;$L$ 为桩长;z_i 为桩单元中心点的纵坐标;n 为桩体划分单元的数目;w_b 为桩端位移;p 为桩顶荷载;$[s]$ 为土体位移柔度矩阵;$[\tau]$ 为桩周摩阻力矩阵;$[\lambda]$ 为系数矩阵,矩阵中各项为

$$
\begin{cases}
\lambda_i = 2\pi r_0 L_i, & i = 1, 2, \cdots, n \\
\lambda_{n+1} = \pi r_0^2
\end{cases}
\tag{2-10}
$$

式中,r_0 为桩半径;L_i 为桩单元的长度。

函数 $f(x) = \cosh(x) - (1+0.5x^2)$ 的图像,如图 2-1 所示。由图可知,当 $x < 1.0$ 时,函数 $f(x)$ 的值近似等于零。而桩基中各变量实际分布的

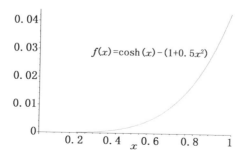

图 2-1　$f(x) = \cosh(x) - (1+0.5x^2)$ 函数曲线

范围如表 2-1 所示,根据表 2-1 中参数的范围和图 2-1 中函数曲线可知函数 $\cosh[\mu(L-z)]$ 可以用多项式 $1+0.5[\mu(L-z)]^2$ 来代替,从而式(2-9)中系数矩阵$[\beta]$可由式(2-11)确定。

$$\beta_i = 1 + 0.5[\mu(L-z_i)]^2 \qquad (2-11)$$

式中,μ 可由式(2-8)求得;z_i 为桩单元中心点的纵坐标;L 为桩长。

表 2-1　各变量实际分布范围

变　量	实际范围	变　量	实际范围
L/d	10—50	ζ	2.5—6.5
E_p/G_s	200—30 000	μL	0.01—0.50

上述单桩的分析过程将 Poulos 方法中求解土体位移柔度矩阵和 Randolph 桩身位移与桩端位移的关系结合起来,从而省却了 Poulos 方法中桩身差分计算(式(2-2))以及式(2-3)中一些相关的矩阵运算。同时,该方法对于桩身单元的划分没有限制,单元的长度可以不同,因为不再需要桩身等间距的差分计算。

2.1.2.4　群桩的改进计算方法

在上述单桩的改进计算方法基础上,采用 Poulos 相互作用系数方法[8]将其应用于群桩分析,群桩中各桩桩顶沉降采用式(2-12)计算。

$$\omega_k = \sum_{\substack{j=1 \\ j \neq k}}^{n} \omega_{1j} P_j \alpha_{kj} + \omega_{1k} P_k \qquad (2-12)$$

式中,ω_k 为群桩中 k 桩的沉降;ω_{1j} 为 j 桩在单位荷载下的沉降;α_{kj} 为 j 桩和 k 桩的相互作用系数;P_j 为 j 桩桩顶荷载;ω_{1k} 为 k 桩在单位荷载下的沉降;P_k 为 k 桩桩顶荷载。

2.1.3　分析结果的比较

2.1.3.1　单桩分析

为了验证文中改进计算方法的可行性和分析精度,首先进行单桩分析结果的比较。单桩分析计算参数如表 2－2 所示,分别计算了刚性单桩和柔性单桩两种情况下桩周剪切应力、桩身轴力和桩身位移沿桩长的分布情况,并与 Poulos 积分方程法和 Randolph 剪切位移方法的计算结果进行了比较。Randolph 剪切位移方法中刚性单桩的分析不包含桩体弹模 E_p 值[13],为理想绝对刚性材料,这对比较的分析结果可能会有影响。

表 2－2　单桩分析计算参数表

参　量	数值大小	参　量	数值大小
桩长 L	25 m	柔性桩弹性模量 E_p	100 MPa
桩径 d	1 m	刚性桩弹性模量 E_p	10 000 MPa
土体泊松比 ν	0.5	土体弹性模量 E_s	2 MPa

单桩桩桩身剪应力分布比较见图 2－2。对于刚性单桩,本书的改进计算方法和 Poulos 方法吻合性很好,Randolph 方法对于刚性桩假定剪切应力为常值,故在图中为一直线。对于柔性桩,桩身下部的剪切应力三种方法吻合性较好,在桩顶处改进计算方法的结果位于 Randolph 方法和 Poulos 方法之间。由该图可以得出,尽管 Randolph 方法的位移与其他方法相近(参见图 2－3(b)),但剪切应力分布有较大的不同。

单桩的桩身位移分布比较见图 2－3。对于刚性桩,Randolph 方法假定此时桩身各点的沉降均相同,从而在图中为一直线,改进计算方法和 Poulos 方法结果相近。对于柔性桩,三种方法尽管在桩端处有所不同,但桩顶处沉降值比较一致。

单桩的桩身轴力分布比较见图 2－4。对于刚性桩,改进计算方法和

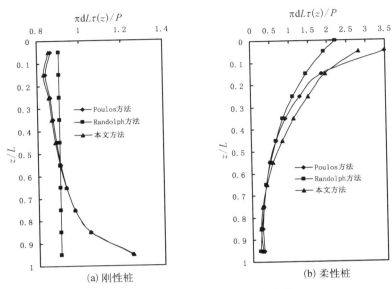

图 2 - 2　单桩桩身剪应力分布比较

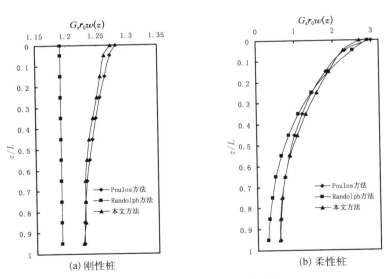

图 2 - 3　单桩桩身位移分布比较

Poulos 方法的结果基本重合,略大于 Randolph 方法。对于柔性桩,三种分析方法仅在桩顶附近有所不同,Randolph 分析方法的结果偏小。

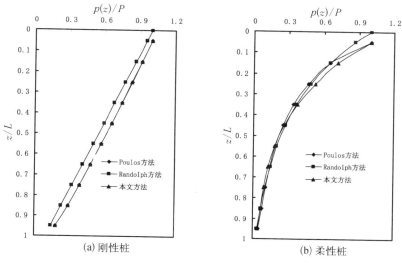

(a) 刚性桩　　　　　　　　　　　(b) 柔性桩

图 2-4　单桩桩身轴力分布比较

2.1.3.2　群桩分析

为了验证文中改进计算方法在群桩分析中的合理性,采用 Poulos 方法[6,8]、Randolph 方法[14] 和 Chow 混合方法[25] 3 种分析方法与之进行了比较。选取一 3×3 群桩基础,分析了筏板为绝对刚性高承台和绝对柔性高承台两种情形。群桩中角点处桩取为 1 号,边中点处桩取为 2 号,中心点桩取为 3 号,群桩分析计算参量见表 2-3。

表 2-3　群桩分析计算参数表

参　量	数值大小	参　量	数值大小
桩长 L	25 m	柔性桩弹性模量 E_p	100 MPa
桩径 d	1 m	刚性桩弹性模量 E_p	10 000 MPa
桩间距 s	5 m	土体弹性模量 E_s	2 MPa
土体泊松比 ν	0.5	——	——

对于绝对刚性高承台下的群桩基础,群桩中各桩桩顶荷载 Pi 与平均荷

载 Pave 的比值分布如图 2-5 所示。当桩为刚性桩时,4 种分析方法的结果比较接近;当桩为柔性桩时,中心点处桩的计算值相差较大。

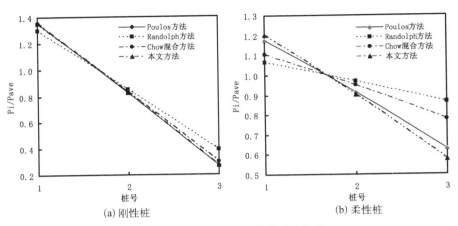

图 2-5 刚性板下群桩荷载分布比较

对于绝对柔性高承台下的群桩基础,桩顶沉降的分布比较如图 2-6 所示。无论桩为刚性桩还是柔性桩,本书的改进计算方法、Poulos 方法和 Chow 方法的计算结果比较接近,而 Randolph 方法的计算结果偏离较大。

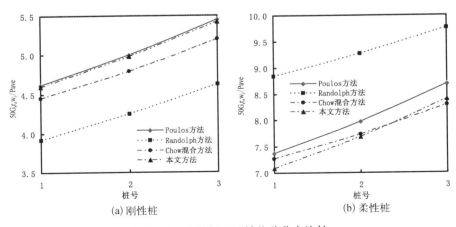

图 2-6 柔性板下群桩位移分布比较

2.1.4　结论

竖向荷载作用下,桩基弹性分析的改进计算方法是,将 Randolph 剪切位移方法中桩身位移与桩端位移的函数关系简化为一多项式,并将其与 Poulos 积分方程法中土体柔度系数矩阵相联系,进而求得桩身剪切应力、轴力和位移分布。它避免了 Poulos 积分方程中的差分运算以及由此带来的矩阵运算,同时,比 Randolph 方法更能准确模拟桩身剪切应力的分布,而且该分析方法中不再需要桩身单元的等间距划分,单元长度可以不同。

与 Poulos 积分方程法和 Randolph 剪切位移方法进行了单桩分析结果的比较,并与 Poulos 方法、Randolph 方法以及 Chow 混合方法的群桩计算结果进行了比较,比较结果表明,桩基弹性分析的改进计算方法是可行的,分析精度也满足要求。

2.2　基于变分原理的群桩位移计算方法

2.2.1　绪言

竖向荷载作用下,群桩基础的分析方法包括 Butterfield 边界单元方法[2]、Poulos 相互作用系数方法[6,8]、Randolph 剪切位移方法[14] 和 Chow 混合方法[25]等。上述各种方法中,运算量最小的是 Randolph 方法,该方法仅对于刚性桩是准确的,非刚性桩分析中采用了一些近似处理。Chow 方法、Poulos 方法、Butterfield 方法运算量依次增大。W. Y. Shen(1997)基于有限项幂函数级数的位移函数运用变分原理,对竖向荷载作用下的群桩基础进行了分析[30]。基于变分理论的方法不需要桩单元的划分,且能准确考虑土体模量随深度线性增大的情况,分析精度较高。

本书在 Shen 方法基础上选取了更具代表性的位移函数,使得基于变分原理的竖向受荷群桩位移计算方法得到了进一步的发展。根据 Randolph(1978)单桩分析结果[13],提出了一种仅用两个待定系数的函数作为群桩中的单桩沉降关系表达式,并由此基于变分原理和最小势能原理推导了整个群桩的分析过程,得出了表征群桩荷载与位移关系的刚度矩阵。整个分析过程运算量最大仅为 Shen 变分方法的 1/4,但分析结果的精度与之相当。

2.2.2 群桩的变分分析理论

2.2.2.1 群桩的变分分析

根据变分原理,任意群桩基础的总势能为[30]

$$\pi_\mathrm{p} = \sum_{i=1}^{np} \frac{1}{2} \iiint_V E_\mathrm{p} \left(\frac{\partial w}{\partial z} \right)^2 \mathrm{d}v + \frac{1}{2} \iint_S \{\tau\}^\mathrm{T} \{w\} \mathrm{d}s$$
$$+ \frac{1}{2} \iint_A \{\sigma\}^\mathrm{T} \{w_\mathrm{b}\} \mathrm{d}A - \{w_\mathrm{t}\}^\mathrm{T} \{p_\mathrm{t}\} \qquad (2-13)$$

式中,np 为群桩中桩的数量;V 代表单桩的体积;S 代表单桩的桩侧表面积;A 为桩的横截面面积;E_p 为桩体的弹性模量;$\{\tau\} = \{\tau_1, \tau_2, \cdots, \tau_{np}\}^\mathrm{T}$ 为群桩桩土界面深度 z 处剪切应力矩阵;$\{w\} = \{w_1, w_2, \cdots, w_{np}\}^\mathrm{T}$ 为桩体深度 z 处的位移矩阵;$\{\sigma\} = \{\sigma_1, \sigma_2, \cdots, \sigma_{np}\}^\mathrm{T}$ 为桩端处应力矩阵;$\{w_b\} = \{w_{b1}, w_{b2}, \cdots, w_{bnp}\}^\mathrm{T}$ 为桩端处位移矩阵;$\{p_\mathrm{t}\} = \{p_{\mathrm{t}1}, p_{\mathrm{t}2}, \cdots, p_{\mathrm{t}np}\}^\mathrm{T}$ 为桩顶处的外荷载矩阵;$\{w_\mathrm{t}\} = \{w_{\mathrm{t}1}, w_{\mathrm{t}2}, \cdots, w_{\mathrm{t}np}\}^\mathrm{T}$ 为桩顶处的位移矩阵。

式(2-13)中,第一项表示群桩的弹性应变能;第二项表示桩侧摩阻力作的功;第三项表示桩端阻力作的功;第四项表示外力作的功。

根据桩土的位移协调条件,式(2-13)中$\{\tau\}$和$\{w\}$、$\{\sigma\}$和$\{w_\mathrm{b}\}$的关系可以通过土体模型的分析来确定。根据 Randolph(1979)的分析结果[14],可以得出以下关系:

$$\{\tau\} = [k]\{w\} \qquad (2-14)$$

$$\{\sigma\} = [k_b]\{w_b\} \qquad (2-15)$$

式中，$[k]$为深度 z 处桩周土的刚度矩阵；$[k_b]$为桩端土的刚度矩阵。具体表达形式在下一部分(第 2.2.2.2 节土体的荷载位移关系)给出。

由式(2-14)和式(2-15)，式(2-13)可表示为

$$\pi_p = \sum_{i=1}^{np} \frac{1}{2} \iiint_V E_p \left(\frac{\partial w}{\partial z}\right)^2 \mathrm{d}v + \frac{1}{2}\iint_S \{w\}^\mathrm{T}[k]\{w\}\mathrm{d}s$$
$$+ \frac{1}{2}\iint_A \{w_b\}^\mathrm{T}[k_b]\{w_b\}\mathrm{d}A - \{w_t\}^\mathrm{T}\{p_t\} \qquad (2-16)$$

对于弹性平衡系统，根据最小势能原理有以下关系成立。

$$\delta\pi_p = 0 \qquad (2-17)$$

2.2.2.2　土体的荷载位移关系

Randolph(1979)认为，桩周土体的剪切应力和位移存在如下关系[14]

$$\{w\} = \frac{1}{G_z}[F]\{\tau\} \qquad (2-18)$$

式中，G_z为任意深度 z 处的土体剪切模量；$[F]$为土体的柔度矩阵，该矩阵中各项为

$$f_{ij} = r_0 \ln\left(\frac{r_m}{r}\right) \quad (i=1,2,\cdots,np; j=1,2,\cdots,np)$$

$$(2-19)$$

式中，当 $i=j$ 时，$r=r_0$；当 $i\neq j$ 时，$r=s_{ij}$；r_0 为桩半径；s_{ij} 为 i 桩和 j 桩轴线之间的距离，r_m 由式(2-20)确定。

$$r_m = 2.5\rho L(1-\nu) \qquad (2-20)$$

式中，ρ 为土体不均匀系数，等于桩中间处土体模量与桩端处土体模量的比值；L 为桩长度，ν 为土体的泊松比。

Randolph(1979)认为，桩端土与桩端沉降存在如下关系[14]。

$$\{w_b\} = \frac{1}{G_l}[F_b]\{\sigma\} \qquad (2-21)$$

式中，G_l 为桩端处土体的剪切模量；$[F_b]$ 为土体的柔度矩阵，矩阵中各项为

当 $i = j$ 时

$$f_{bij} = \frac{1-\nu}{4r_0}A \qquad (i=1,2,\cdots,np) \qquad (2-22)$$

当 $i \neq j$ 时

$$f_{bij} = \frac{1-\nu}{2\pi s_{ij}}A \qquad (i=1,2,\cdots,np;j=1,2,\cdots,np) \quad (2-23)$$

式中，A 为桩端截面积；s_{ij} 为 i 桩和 j 桩轴线间距离；ν 为土体的泊松比；r_0 为桩半径。

结合式(2-14)、式(2-15)和式(2-18)、式(2-21)，可得

$$[k] = G_z[F]^{-1} = G_z[k_{ss}] \qquad (2-24)$$

$$[k_b] = G_l[F_b]^{-1} = G_l[k_{bb}] \qquad (2-25)$$

2.2.3　群桩的变分分析过程

2.2.3.1　位移函数选择

Randolph(1978)认为单桩的位移函数表达式近似为[13]

$$w(z) = w_b\cosh[\mu(L-z)] \qquad (2-26)$$

式中，$w(z)$ 为单桩任意深度处的位移；w_b 为桩端位移；L 为桩长；系数 μ 可由式(2-27)至式(2-29)确定。

$$\xi = \ln(r_{\mathrm{m}}/r_0) \tag{2-27}$$

$$\lambda = E_{\mathrm{p}}/G_{\mathrm{s}} \tag{2-28}$$

$$\mu = \sqrt{2/\xi * \lambda}/r_0 \tag{2-29}$$

式中，r_{m} 见式(2-20)；r_0 为桩半径；E_{p} 为桩体弹性模量；G_{s} 为土体模量。

结合式(2-26)单桩的位移分布函数并考虑到群桩效应，对于群桩中的单桩假定如下位移函数。

$$w_i(z) = x_i + y_i \cosh[\mu(L-z)] \quad (i = 1, 2, \cdots, np) \tag{2-30}$$

式中，x_i 和 y_i 为待定系数；其他符号意义同前。

2.2.3.2　变分的矩阵表示

基于式(2-30)和式(2-16)、式(2-17)，可得

$$\sum_{i=1}^{np} \iiint_V E_{\mathrm{p}} \frac{\partial w_i}{\partial z} \left[\frac{\partial \left(\frac{\partial w_i}{\partial z} \right)}{\partial (x_i, y_i)} \right]^2 \mathrm{d}v$$

$$+ \iint_S \left\{ \frac{\partial w}{\partial (x_i, y_i)} \right\}^{\mathrm{T}} [k]\{w\} \mathrm{d}s \tag{2-31}$$

$$+ \iint_A \left\{ \frac{\partial w_{\mathrm{b}}}{\partial (x_i, y_i)} \right\}^{\mathrm{T}} [k_{\mathrm{b}}]\{w_{\mathrm{b}}\} \mathrm{d}A$$

$$= \left\{ \frac{\partial w_{\mathrm{t}}}{\partial (x_i, y_i)} \right\}^{\mathrm{T}} \{p_{\mathrm{t}}\}$$

将式(2-31)表达为矩阵的形式，可得式(2-32)。

$$([k_{\mathrm{p}}] + [k_{\mathrm{s}}][A] + [k_{\mathrm{sb}}])\{\beta\} = \{p\} \tag{2-32}$$

式中，$\{\beta\} = \{x_1, y_1\cosh(\mu L), x_2, y_2\cosh(\mu L), \cdots, x_{np}, y_{np}\cosh(\mu L)\}^{\mathrm{T}}$；$\{p\} = \{p_{\mathrm{t}1}, p_{\mathrm{t}1}\cosh(\mu L), p_{\mathrm{t}2}, p_{\mathrm{t}2}\cosh(\mu L), \cdots, p_{\mathrm{t}np}, p_{\mathrm{t}np}\cosh(\mu L)\}^{\mathrm{T}}$。

式(2-32)中第一项矩阵$[k_p]$展开为

$$[k_p] = \begin{bmatrix} [k_{pp}]_{2\times2} & 0 & \cdots & 0 \\ 0 & [k_{pp}]_{2\times2} & \cdots & 0 \\ \vdots & \vdots & \ddots & \vdots \\ 0 & 0 & \cdots & [k_{pp}]_{2\times2} \end{bmatrix}_{(np\times2)\times(np\times2)} \quad (2-33)$$

$$[k_{pp}]_{2\times2} = E_p\pi r_0^2 \begin{bmatrix} 0 & 0 \\ 0 & \dfrac{1}{2}\mu[\cosh(\mu L)\sinh(\mu L)-\mu L] \end{bmatrix} \quad (2-34)$$

式中,E_p为桩体弹性模量;r_0为桩半径;μ值可由式(2-29)确定。

式(2-32)第二项中矩阵$[k_s]$展开为

$$[k_s] = \begin{bmatrix} [k_{s11}]_{2\times2} & [k_{s12}]_{2\times2} & \cdots & [k_{s1np}]_{2\times2} \\ [k_{s21}]_{2\times2} & [k_{s22}]_{2\times2} & \cdots & [k_{s2np}]_{2\times2} \\ \vdots & \vdots & \cdots & \vdots \\ [k_{snp1}]_{2\times2} & [k_{snp2}]_{2\times2} & \cdots & [k_{snpnp}]_{2\times2} \end{bmatrix}_{(np\times2)\times(np\times2)} \quad (2-35)$$

$$[k_{sij}]_{2\times2} = \begin{bmatrix} k_{ssij} & 0 \\ 0 & k_{ssij} \end{bmatrix} \quad (2-36)$$

式中,k_{ssij}具体值可由式(2-24)确定。

式(2-32)第二项中矩阵$[A]$展开为

$$[A] = \begin{bmatrix} [A_s]_{2\times2} & 0 & \cdots & 0 \\ 0 & [A_s]_{2\times2} & \cdots & 0 \\ \vdots & \vdots & \ddots & \vdots \\ 0 & 0 & \cdots & [A_s]_{2\times2} \end{bmatrix}_{(np\times2)\times(np\times2)} \quad (2-37)$$

对于$[A_s]_{2\times2}$矩阵中的每一项见式(2-38)

$$A_{s11} = 2\pi r_0 G_l \frac{L}{2}(1+\alpha) \, ,$$

$$A_{s12} = 2\pi r_0 G_l \frac{-(1-\alpha)+(1-\alpha)\cosh(\mu L)+\alpha\mu L\sinh(\mu L)}{\mu^2 L} \, ,$$

$$A_{s21} = A_{s12} \, ,$$

$$(2-38)$$

$$A_{s22} = 2\pi r_0 G_l \frac{\begin{array}{c} -(1-\alpha)+(1+\alpha)(\mu L)^2+(1-\alpha)\left[\cosh(\mu L)\right]^2 \\ +2\alpha\mu L\cosh(\mu L)\sinh(\mu L) \end{array}}{4\mu^2 L}$$

式中，r_0 为桩半径；μ 值由式(2-29)确定；L 为桩长度；G_l 为桩端处土体的剪切模量；系数 α 为土体模量沿深度线性变化时桩顶处土体与桩端处土体的剪切模量的比值，在均匀土体中，$\alpha = 1$。

式(2-32)中第三项矩阵 $[k_{sb}]$ 展开为

$$[k_{sb}] = \begin{bmatrix} [k_{sb11}]_{2\times2} & [k_{sb12}]_{2\times2} & \cdots & [k_{sb1np}]_{2\times2} \\ [k_{sb21}]_{2\times2} & [k_{sb22}]_{2\times2} & \cdots & [k_{sb2np}]_{2\times2} \\ \vdots & \vdots & \ddots & \vdots \\ [k_{sbnp1}]_{2\times2} & [k_{sbnp2}]_{2\times2} & \cdots & [k_{sbnpnp}]_{2\times2} \end{bmatrix}_{(np\times2)\times(np\times2)} \quad (2-39)$$

$$[k_{sbij}]_{2\times2} = \begin{bmatrix} k_{sbij} & k_{sbij} \\ k_{sbij} & k_{sbij} \end{bmatrix} \quad (2-40)$$

式中，k_{sbij} 可由式(2-25)确定。

2.2.3.3　群桩的荷载位移关系

当式(2-32)中各矩阵的元素确定后，并求逆得式(2-41)。

$$[f]_{(np\times2)\times(np\times2)} \{p\}_{(np\times2)\times1} = \{\beta\}_{(np\times2)\times1} \quad (2-41)$$

式中，$[f] = ([k_p]+[k_s][A]+[k_{sb}])^{-1}$；$\{p\}$ 和 $\{\beta\}$ 表达形式见式(2-32)。

根据式(2-30)，桩顶处的位移表达式为

$$w_{ti} = x_i + y_i \cosh(\mu L) \qquad (2-42)$$

根据$\{p\}$和$\{\beta\}$和式(2-42)的形式和特点,式(2-41)可转化为如下矩阵关系

$$\{w_t\}_{np \times 1} = [f_t]_{np \times np} \{p_t\}_{np \times 1} \qquad (2-43)$$

式中,$\{w_t\} = \{w_1, w_2, \cdots, w_{np}\}^T$; $\{p_t\} = \{p_{t1}, p_{t2}, \cdots, p_{tnp}\}^T$; $[f_t]_{np \times np}$可由式(2-41)中的$[f]_{(np \times 2) \times (np \times 2)}$变化得到。

式(2-43)为最终的求解矩阵,可以求得竖向荷载作用下群桩基础各桩桩顶的位移。结合式(2-41)可以求得矩阵$\{\beta\}$各元素的值,再由式(2-30)可以方便地得到群桩基础中任意单桩任意深度处的位移大小。

2.2.4 比较与验证

为了验证本书提出的位移函数的合理性,并基于变分原理的群桩分析过程中推导的各矩阵的正确性,针对均匀土体和土体模量随深度线性变化两种土体中的群桩基础,将本书方法计算的位移结果与其他各种群桩分析方法的结果进行了比较。

2.2.4.1 均匀土体中群桩位移比较

一均匀土体中采用3×3规格的群桩基础作为实例,桩间距$s = 5r_0$,r_0为桩半径,土体泊松比为0.5。为了表达的方便,将群桩中各桩进行编号,角点处桩为1号,各边中点处桩为2号,中心点处桩为3号。当群桩中各桩采用刚性桩时,随着桩长径比的变化,1号桩、2号桩和3号桩等效刚度$\dfrac{p_t}{G_s r_0 w_t}$的变化分别如图2-7至图2-9所示。当群桩中各桩采用一般压缩性桩,若$\lambda = E_p / G_s = 6\,000$,随着桩长径比的变化,1号桩、2号桩和3号桩等效刚度$\dfrac{p_t}{G_s r_0 w_t}$的变化分别如图2-10至图2-12所示。采用了Butterfield边界单元

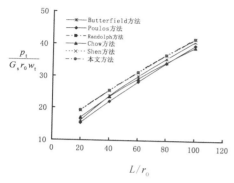

图 2 - 7　刚性桩群桩中 1 号桩刚度比较

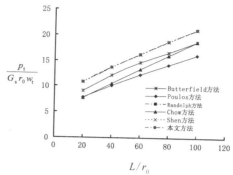

图 2 - 8　刚性桩群桩中 2 号桩刚度比较

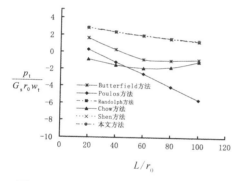

图 2 - 9　刚性桩群桩中 3 号桩刚度比较

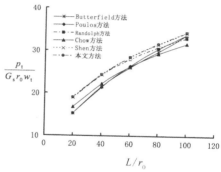

图 2 - 10　压缩性群桩中 1 号桩刚度比较

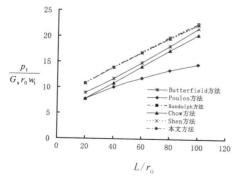

图 2 - 11　压缩性群桩中 2 号桩刚度比较

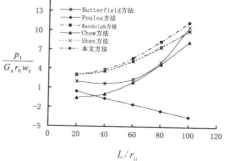

图 2 - 12　压缩性群桩中 3 号桩刚度比较

法、Poulos 相互作用系数方法、Randolph 剪切位移法、Chow 混合方法和 Shen 基于幂函数级数的变分方法等群桩分析方法与本书方法进行了比较，比较结果证明，本书方法与 Randolph 剪切位移法和 Shen 基于幂函数级数的变分方法的结果较为一致，与其他分析方法规律相同，但结果略有差别。

2.2.4.2 非均匀土体中群桩位移比较

取土体模量线性增加的土体中 3×3 规格的群桩基础作为实例进行比较分析，桩间距 $s = 5r_0$，r_0 为桩半径，土体泊松比为 0.5，土体弹性模量沿深度线性增加率为 $0.01G_{\mathrm{sTop}}m^{-1}$，$G_{\mathrm{sTop}}$ 表示桩顶处土体的剪切模量值。角点处桩取为 1 号，各边中点处桩为 2 号，中心点处桩为 3 号。当群桩中各桩的 $\lambda = E_{\mathrm{p}}/G_{\mathrm{sTop}} = 6\,000$ 时，随着桩长径比的变化，1 号桩、2 号桩和 3 号桩等效刚度 $\dfrac{p_{\mathrm{t}}}{G_{\mathrm{sTop}}r_0w_{\mathrm{t}}}$ 的变化分别如图 2-13 至图 2-15 所示。由图可知，各曲线的分布规律和均匀土体中群桩位移各曲线的分布规律相似，

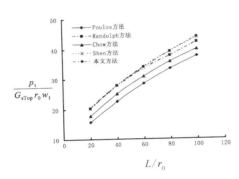

**图 2-13 非均匀土体下群桩中
1 号桩刚度比较**

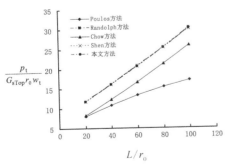

**图 2-14 非均匀土体下群桩中
2 号桩刚度比较**

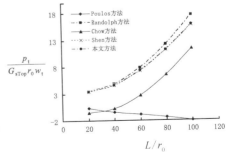

**图 2-15 非均匀土体下群桩中
3 号桩刚度比较**

即本书方法与 Randolph 剪切位移法和 Shen 基于幂函数级数的变分方法的结果较为一致,与其他分析方法规律相同,但结果略有差别。

2.2.5　结论

对于均匀土体和非均匀土体中的群桩基础,通过本书方法与 Butterfield 边界单元方法、Poulos 相互作用系数方法、Randolph 剪切位移方法、Chow 混合方法和 Shen 基于有限项幂函数级数的变分方法的桩顶位移结果的比较,说明本书提出的位移函数形式和基于变分原理的群桩分析推导过程是正确的。应用本书方法不需要将桩体划分单元,且能考虑土体模量随深度线性变化的情形,而且本书方法的计算量较小,特别要指出的是,本书方法的计算量仅为 Shen 变分方法的 1/4。

2.3　竖向荷载下桩基础的通用分析方法

2.3.1　绪言

竖向荷载作用下桩基础的分析方法大致可分为荷载传递函数法[22-23]、Butterfield 边界单元方法[2]、Poulos 相互作用系数方法[8]、Randolph 剪切位移方法[14]、Chow 混合方法[16]和 Shen 变分方法[30]以及有限单元法[34]等。上述各方法具有以下特点:① 除了 Shen 的变分方法外,其他均需要划分桩体单元,在分析群桩基础时,桩体的划分将使得分析过程变得复杂且不易处理;② 边界单元方法、混合方法和变分方法,目前只给出了等桩长的分析过程,但可以经过扩展来分析不同长度桩组成的群桩基础,有限单元方法不受此限制,但其建模较复杂,这几种方法的运算量均较大。

本书采用幂函数有限项级数的表达式来表示桩基础中单桩的桩侧摩阻力分布规律,根据此关系表达式,结合弹性问题中的变形协调关系、物理方程和力的平衡方程,来分析竖向受荷下桩基础中桩的位移和侧摩阻力以及桩端阻力的大小。本书方法的特点是不需要划分桩土体单元,而且对于任意长度、半径和刚度特性的桩组成的群桩基础,求解过程中形成的各矩阵仅与群桩中桩的数量有关,与其他变量无关,通用性较强且运算量小于前述各种方法。

2.3.2 桩基础的通用分析方法

2.3.2.1 桩侧摩阻力函数关系式

文献[13]中提出了一个群桩中单桩的位移函数关系式,经过变分方法的求解和实例证明,用该函数表示群桩中单桩的位移分布形式是合理的,其表达式为

$$w_i(z) = x_i + y_i \cosh[\mu_i(L_i - z)] \quad (i = 1, 2, \cdots, np) \quad (2-44)$$

式中,$w_i(z)$ 为 i 桩深度 z 处的位移;x_i 和 y_i 为待定系数;np 为群桩中桩的数量;z 为深度变量;L_i 为群桩中 i 桩的长度;μ_i 可由式(2-45)确定。

$$\mu_i = \sqrt{\frac{2G_s}{\{\ln[2.5\rho L_i(1-\nu)] - \ln(r_{0i})\}E_{pi}}} r_0^{-1} \quad (2-45)$$

式中,ρ 为土体不均匀系数,等于桩中间处土体模量与桩端处土体模量的比值;ν 为土体的泊松比;r_{0i} 为群桩中 i 桩半径;E_{pi} 为 i 桩的弹性模量;G_s 为土体模量。

Randolph(1979)[14]认为,$\mu_i(L_i - z)$ 远小于 1.0,此时,存在以下近似表达式

$$\cosh(x) \approx 1 + 0.5x^2 \quad (x \ll 1) \quad (2-46)$$

根据 Randolph(1978)的桩侧摩阻力与位移的函数关系式[226],由式(2-44)和式(2-46)可得出,由幂函数有限项级数表述的桩侧摩阻力函数关系式

$$\tau_i(z) = \sum_{j=1}^{k} \alpha_{ij}(L_i - z)^{j-1} \qquad\qquad (2-47)$$

式中，α_{ij} 为待定系数；k 为待定整型变量；$i = 1,2,\cdots,np$。

2.3.2.2　变形协调关系

为了使桩侧摩阻力函数关系式满足变形协调的条件，引入 Mindlin（1936）弹性基本解[225]和桩土位移协调条件。根据式（2-47）中桩侧剪切应力分布函数关系式的待定系数 k 值，可在单桩的 k 点积分的 gauss 积分点处和桩端处使得土体位移与桩体位移相等，从而达到位移协调如图 2-16 所示。

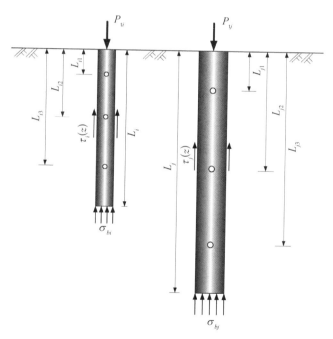

图 2-16　桩基础分析示意图

长短桩基础中第 n 根桩的第 m 个 gauss 积分点处土体的位移，可由式（2-48）计算。

$$w_{nm} = \sum_{i=1}^{np} \Big(\sum_{j=1}^{k} \alpha_{ij} \iint_{S_i} f(z_{nm}, z_i)(L_i - z)^{j-1} \mathrm{d}S_i$$

$$+ \sigma_{\mathrm{b}i} \iint_{A_i} f(z_{nm}, z_{\mathrm{b}i}) \mathrm{d}A_i \Big) \qquad (2-48)$$

式中，$(n=1, 2, \cdots, np)$；$(m=1, 2, \cdots, k)$，np 为群桩中总桩数；k 为整型待定变量；$f(c, z)$ 为半无限弹性体内 z 处单位荷载引起另一点 c 处位移的 Mindlin 基本解；S_i 第 i 根桩桩周柱面；A_i 为第 i 根桩桩端圆截面；$\tau_i(z)$ 为第 i 根桩深度 z 处的桩侧摩阻力；$\sigma_{\mathrm{b}i}$ 为第 i 根桩桩端应力；z_{nm} 为第 n 根桩第 m 个 gauss 积分点纵坐标；$z_{\mathrm{b}i}$ 为第 i 根桩桩端纵坐标；$\sigma_{\mathrm{b}i}$ 为第 i 根桩桩端正应力。

同理，群桩中第 n 根桩桩端处土体的位移，可由式（2-49）计算。

$$w_{\mathrm{b}n} = \sum_{i=1}^{np} \Big(\sum_{j=1}^{k} \alpha_{ij} \iint_{S_i} f(z_{\mathrm{b}n}, z_i)(L_i - z)^{j-1} \mathrm{d}S_i$$

$$+ \sigma_{\mathrm{b}i} \iint_{A_i} f(z_{\mathrm{b}n}, z_{\mathrm{b}i}) \mathrm{d}A_i \Big) \qquad (2-49)$$

式中，$z_{\mathrm{b}n}$ 为第 n 根桩桩端处坐标；其他符号意义同前。

式（2-48）和式（2-49）中，$\iint_{S_i} f(z_{nm}, z_i)(L_i - z)^j \mathrm{d}S_i$ 和 $\iint_{S_i} f(z_{\mathrm{b}n}, z_i)(L_i - z)^j \mathrm{d}S_i$，$(j=0, 1, \cdots, k-1)$ 通过二维勒让德—高斯求积法求解。桩端应力引起的位移的计算可假定桩端应力为均匀分布来简化处理。当分析桩端力引起的自身桩端位移时，即 $i=n$ 时，位移大小由式（2-50）确定[8]。

$$w = \frac{\pi(1+\nu)}{16E_{\mathrm{s}i}(1-\nu)} \Big\{ (3-4\nu)r_i + (5-12\nu+8\nu^2)(R_i - z_i)$$

$$+ \frac{5-8\nu}{2}z_i^2 \Big(\frac{1}{z_i} - \frac{1}{R_i} \Big) + \frac{z_i}{2} - \frac{z_i^4}{2R_i^3} \Big\} \qquad (2-50)$$

式中，$z_i = 2L_i$；$R_i = \sqrt{z_i^2 + r_i^2}$；$E_{\mathrm{s}i}$ 为土体的弹性模量；其他符号意义同前。

当土体为非均匀土体时，Mindlin 基本解中土体的模量采用式（2-51）计算[9]。

$$E_s = 0.5(E_{si} + E_{sj}) \qquad (2-51)$$

式中，E_s 为非均匀土体中沉降计算采用的模量；E_{si} 为位移计算点处土体的模量；E_{sj} 为荷载作用处土体的模量。

将积分表达式（2-48）和式（2-49）表示成矩阵的形式为

$$[w]_{(np\times(k+1))\times1} = [f]_{(np\times(k+1))\times(np\times(k+1))}[\alpha]_{(np\times(k+1))\times1} \qquad (2-52)$$

式中，$[f]_{(np\times(k+1))\times(np\times(k+1))}$ 矩阵中各值可由式（2-48）—式（2-49）确定，

$[w]_{(np\times(k+1))\times1} = \{w_{g11}, w_{g12}, \cdots, w_{g1k}, w_{b1}, w_{g21}, w_{g22}, \cdots, w_{g2k},$
$w_{b2}, \cdots, w_{gnp1}, w_{gnp2}, \cdots, w_{gnpk}, w_{bnp}\}^T;$

$[\alpha]_{(np\times(k+1))\times1} = \{\alpha_{11}, \alpha_{12}, \cdots, \alpha_{1k}, \sigma_{b1}, \alpha_{21}, \alpha_{22}, \cdots, \alpha_{2k}, \sigma_{b2}, \cdots, \alpha_{np1},$
$\alpha_{np2}, \cdots, \alpha_{npk}, \sigma_{bnp}\}^T.$

2.3.2.3　桩身物理方程

桩身的物理方程是分析从桩顶至桩身某一深度处桩体的压缩量的大小。桩身任意深度处的桩身轴力大小为

$$p_i(z) = 2\pi r_i \int_z^{L_i} \tau_i(z)\,\mathrm{d}z + A_i\sigma_{bi} \qquad (2-53)$$

任意 z 深度处的桩体压缩量为

$$\Delta w_z = \int_0^z \frac{p_i(z)}{E_{pi}A_i}\,\mathrm{d}z \qquad (2-54)$$

将桩侧摩阻力函数关系式（2-47）代入式（2-53），再代入式（2-54），积分可得

$$\Delta w_{iz} = \frac{2}{E_{pi} r_i} \sum_{j=1}^{k} \frac{L_i^{(j+1)} - (L_i - z)^{(j+1)}}{j(j+1)} \alpha_{ij} + \frac{z}{E_{pi}} \sigma_{bi} \qquad (2-55)$$

对于群桩中第 i 桩,该桩 k 个 gauss 积分点和桩端处桩身的压缩量可写为式(2-56)的矩阵表达式。

$$\begin{bmatrix} \Delta w_{i1} \\ \Delta w_{i2} \\ \vdots \\ \Delta w_{ik} \\ \Delta w_{bi} \end{bmatrix} = \begin{bmatrix} \Delta f_{(k+1)\times(k+1)} \end{bmatrix} \begin{bmatrix} \alpha_{i1} \\ \alpha_{i2} \\ \vdots \\ \alpha_{ik} \\ \sigma_{bi} \end{bmatrix} \qquad (2-56)$$

式中,$\left[\Delta f_{(k+1)\times(k+1)} \right]$ 矩阵中各值可将对应的 gauss 积分点和桩端的坐标代入式(2-55)分别求得。

对于整个群桩基础,可以将式(2-56)扩充为式(2-57)的矩阵形式

$$\begin{bmatrix} \Delta w \end{bmatrix}_{(np \times (k+1)) \times 1} = \begin{bmatrix} \Delta f \end{bmatrix}_{(np \times (k+1)) \times (np \times (k+1))} \begin{bmatrix} \alpha \end{bmatrix}_{(np \times (k+1)) \times 1} \qquad (2-57)$$

式中,$\left[\Delta f \right]_{(np \times (k+1)) \times (np \times (k+1))}$ 由式(2-57)中单桩的 $\left[\Delta f_{(k+1)\times(k+1)} \right]$ 扩充而成;

$\left[\Delta w \right]_{(np \times (k+1)) \times 1} = \{ \Delta w_{g11}, \ \Delta w_{g12}, \ \cdots, \ \Delta w_{g1k}, \ \Delta w_{b1}, \ \Delta w_{g21},$ $\Delta w_{g22}, \cdots, \Delta w_{g2k}, \ \Delta w_{b2}, \ \cdots, \ \Delta w_{gnp1}, \ \Delta w_{gnp2}, \ \cdots, \ \Delta w_{gnpk},$ $\Delta w_{bnp} \}^{\mathrm{T}} \left[\alpha \right]_{(np \times (k+1)) \times 1}$ 含义同前。

2.3.2.4 力的平衡方程

根据桩体桩侧摩阻力和桩端阻力与桩顶荷载的平衡关系式,当 $z = 0$ 时,桩身轴力应等于桩顶的荷载,将 $z = 0$ 代入式(2-53)可得

$$p_{ti} = p_i(0) = 2\pi r_i \sum_{j=1}^{k} \frac{L_i^j}{j} \alpha_{ij} + \pi r_i^2 \sigma_{bi} \qquad (2-58)$$

对于长短桩群桩基础可以形成式(2-59)的矩阵形式。

$$[T]_{np \times (np \times (k+1))} [\alpha]_{(np \times (k+1)) \times 1} = [p_t]_{np \times 1} \qquad (2-59)$$

式中，$[p_t]_{np \times 1} = \{p_{t1}, p_{t2}, \cdots, p_{tnp}\}^T$；$[T]_{np \times (np \times (k+1))}$ 可由式(2-58)的单桩分析扩充而成；$[\alpha]_{(np \times (k+1)) \times 1}$ 含义同前。

2.3.2.5　桩基位移与摩阻力分析

群桩中桩顶的沉降应等于桩身某点的沉降加上该点至桩顶的桩体压缩量,即

$$\begin{cases} w_{nm} + \Delta w_{nm} = w_{tn} \\ w_{bn} + \Delta w_{bn} = w_{tn} \end{cases} \qquad (2-60)$$

将基于变形协调关系的式(2-52)和基于物理方程的式(2-57)代入式(2-60),可得如下矩阵表示形式

$$[w_t]_{(np \times (k+1)) \times 1} = [g]_{(np \times (k+1)) \times (np \times (k+1))} [\alpha]_{(np \times (k+1)) \times 1} \qquad (2-61)$$

式中,$[g]_{(np \times (k+1)) \times (np \times (k+1))} = [f]_{(np \times (k+1)) \times (np \times (k+1))} + [\Delta f]_{(np \times (k+1)) \times (np \times (k+1))}$,可参见式(2-52)和式(2-57);$[\alpha]_{(np \times (k+1)) \times 1}$ 含义同前;$[w_t]_{(np \times (k+1)) \times 1} = \{w_{t1}, w_{t1}, \cdots, w_{t1}, w_{t1}, w_{t2}, w_{t2}, \cdots, w_{t2}, w_{t2}, \cdots, w_{tnp}, w_{tnp}, \cdots, w_{tnp}, w_{tnp}\}^T$。

引入力的平衡方程,根据式(2-59)和式(2-61)可以得到群桩中桩顶荷载和桩顶位移之间的关系表达式

$$[k]_{np \times (np \times (k+1))} [w_t]_{(np \times (k+1)) \times 1} = [p_t]_{np \times 1} \qquad (2-62)$$

式中,$[k]_{np \times (np \times (k+1))} = [T]_{np \times (np \times (k+1))} [g]_{(np \times (k+1)) \times (np \times (k+1))}^{-1}$。

根据 $[w_t]$ $k+1$ 次重复的特性,可以将式(2-62)中的矩阵 $[k]$ 进行化

简,即每 $k+1$ 列相加化为一列,从而形成,

$$[k]_{np \times np}[w_t]_{np \times 1} = [p_t]_{np \times 1} \qquad (2-63)$$

分析时首先选定式(2-47)中幂函数有限项级数的个数,即整型变量 k 的大小。对于位移分析 $k=3$ 可满足精度要求,对于桩侧摩阻力和端阻力分析, $k=3$ 或 $k=4$ 即可满足精度要求。由此可以形成表征桩顶荷载与桩顶位移的刚度矩阵 $[k]_{np \times np}$,然后根据桩顶荷载大小求解线性方程组(见式(2-63)),可求得桩顶位移矩阵 $[w_t]$。将 $[w_t]$ 代入式(2-61),可求得 $[\alpha]$ 矩阵中的各元素,进而可以分析桩基中任一单桩的桩端阻力和任意深度处的桩侧摩阻力大小。

表述位移协调关系的式(2-48)、式(2-49)和力的平衡方程的式(2-58)可体现任意桩长和桩径的影响,表述物理方程的式(2-55)可体现任意桩长、桩径和桩身刚度的影响。因此,该方法可以分析包含不同桩长、不同桩径和不同刚度的群桩基础,而且分析中形成的各矩阵的大小仅与群桩中桩的数量相关,与其他变量无关。

2.3.3 比较与验证

比较中的有限元法分析采用 ANSYS 商用软件,桩体采用三维杆单元,土体采用 8 节点六面体单元进行模拟,桩土间没有设置接触面单元,有限元模型的范围在竖向取两倍的长桩桩长,水平方向取 2.5 倍的长桩长度[118],模型侧面采用法向约束,底面采用全自由度约束。分析中桩体泊松比均取 0.2。

Randolph(1978)采用三角形 6 节点等参单元的轴对称模型分析均匀土体中桩侧摩阻力时,侧摩阻力在桩顶附近的第二个节点处突然增大(可参见文献[13]的图 6)。采用上述 ANSYS 分析模型时同样产生了这一不合理现象。为了消除这一现象,书中将第一节点和第三节点处剪应力进行线性插值来代表第二节点处的剪应力。

在已有的研究中，通过边界单元法和有限单元法的比较表明，采用上述有限元分析模型时，有限元解答给出的规律是正确的，但给出结果的数量值仅供参考[227]。

2.3.3.1　常规桩基础结果比较

传统的桩基础由等桩长、等桩径和刚度特性相同的桩组成，为此，采用一均匀土体中 3×3 规格的群桩作为实例，桩间距 $s = 5r_0$（r_0 为桩半径），桩土刚度比 $\lambda = E_p/G_s = 6\,000$。

（1）位移分析

随着桩的长径比的变化，角桩和边桩的等效刚度 $\dfrac{p_t}{G_s r_0 w_t}$ 的变化分别如图 2-17 所示。图中采用 Butterfield 边界单元法[2]、Poulos 相互作用系数方法[8]、Randolph 剪切位移法[14]、Chow 混合方法[16] 和 Shen 基于幂函数级数的变分方法[30] 等群桩分析方法与本文方法进行比较。

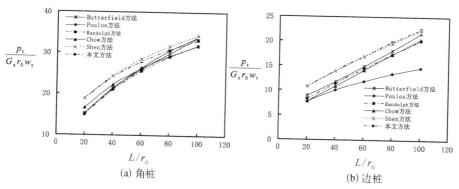

图 2-17　3×3 群桩中各桩刚度比较

（2）侧摩阻力分析

当桩的长径比 $L/r_0 = 50$ 时，角桩、边桩和中心桩的桩侧摩阻力沿深度的分布规律如图 2-18 所示。图中采用 Chow 混合方法和有限单元方法与本文方法进行比较。

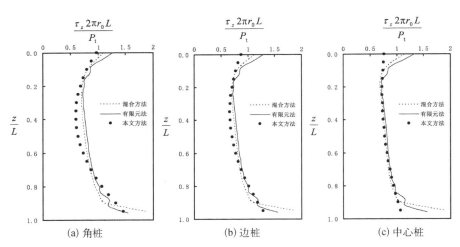

图 2 - 18　3×3 群桩中各桩侧摩阻力分布

2.3.3.2　变桩长结果比较

对于均匀土体中 5 根不等长度的桩组成的群桩基础,其中 4 根桩位于边长 12 r_0(r_0 为桩半径)的正方形角点处,第 5 根桩位于正方形的中心点。

(1) 位移分析

当中心点桩长度为 100 r_0 时,随角桩长度的变化,角桩和中心桩的等效刚度的变化曲线见图 2 - 19(a)。与之相类似,当角桩长度为 100 r_0 时,随中心点桩长度的变化,角桩和中心桩的等效刚度的变化曲线见图 2 - 19(b)。

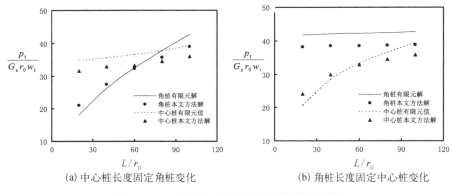

图 2 - 19　变桩长 5 桩基础中各桩刚度比较

（2）侧摩阻力分析

当角桩的长径比 $L/r_0=50$，中心桩的长径比 $L/r_0=60$ 时，角桩和中心桩的桩侧摩阻力沿深度的分布规律如图 2-20 所示。

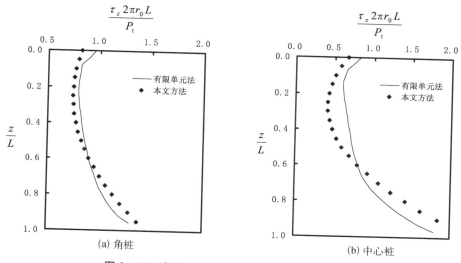

图 2-20　变桩长 5 桩基础中各桩侧摩阻力分布

2.3.3.3　变桩径结果比较

对于均匀土体中 5 根不等长度的桩组成的长短桩群桩基础，其中 4 根桩位于边长 $12r_0$（r_0 为参照半径）的正方形角点处，第 5 根桩位于正方形的中心点。角桩长度均为 $L/r_0=50$，中心桩长度为 $L/r_0=60$，其中 r_0 为参照半径。

（1）位移分析

当角桩的半径为 r_0 时，随中心点桩半径的变化，角桩和中心桩的等效刚度的变化曲线见图 2-21(a)。与之相类似，当中心点桩半径为 r_0 时，随角桩半径的变化，角点处和中心点处桩的等效刚度的变化曲线见图 2-21(b)。

（2）侧摩阻力分析

当角桩的半径 $r=2r_0$，中心桩的半径 $r=r_0$ 时，角桩和中心桩的桩侧摩阻力沿深度的分布规律如图 2-22 所示。

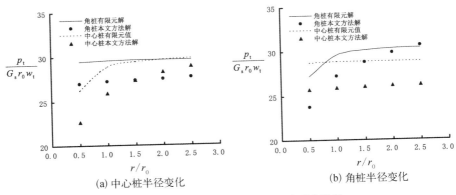

(a) 中心桩半径变化　　　　　　　　(b) 角桩半径变化

图 2-21　变半径 5 桩基础中各桩刚度比较

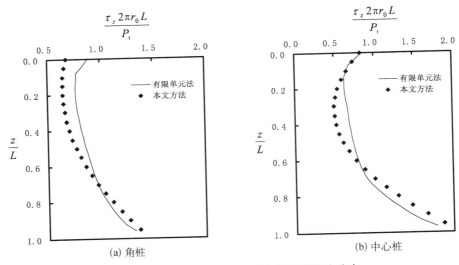

(a) 角桩　　　　　　　　　　(b) 中心桩

图 2-22　变半径 5 桩基础中各桩侧摩阻力分布

2.3.3.4　桩体变刚度结果比较

对于均匀土体中 5 根不等长度的桩组成的长短桩群桩基础，其中 4 根桩位于边长 $12r_0$（r_0 为桩身半径）的正方形角点处，第 5 根桩位于正方形的中心点。角桩长度均为 $L/r_0 = 50$，中心桩长度为 $L/r_0 = 60$。

（1）位移分析

当角桩的桩土刚度比 $\lambda = E_p/G_s = 6\,000$ 时，随中心点桩的桩土相对刚度的变化,角点处和中心点处桩的等效刚度的变化曲线见图 2 - 23(a)。与之相类似,当中心点桩桩土刚度比 $\lambda = 6\,000$ 时,随角桩的桩土相对刚度的变化,角点处和中心点处桩的等效刚度的变化曲线见图 2 - 23(b)。

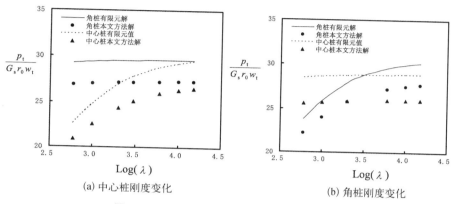

(a) 中心桩刚度变化　　　　　　　(b) 角桩刚度变化

图 2 - 23　变刚度 5 桩基础中各桩刚度比较

（2）侧摩阻力分析

当角桩的桩土相对刚度 $\lambda = 6\,000$,中心桩的桩土相对刚度 $\lambda = 10\,000$ 时,角桩和中心桩的桩侧摩阻力沿深度的分布规律如图 2 - 24 所示。

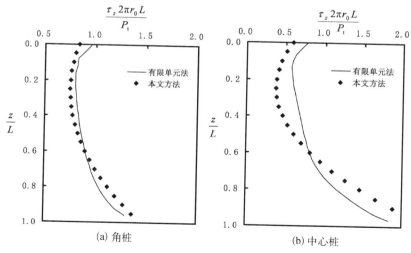

(a) 角桩　　　　　　　　　(b) 中心桩

图 2 - 24　变刚度 5 桩基础中各桩侧摩阻力分布

2.3.4 结论

对于常规的桩基础、变桩长、变桩径和变刚度特性的群桩基础,将本书方法的计算结果与其他各种桩基分析方法进行了比较,尽管结果在数值大小上有所差异,但整体分布规律是一致的,从而证明本书的分析方法是正确可行的。该方法不需要将桩体划分单元,对于不同特性的桩组成的群桩基础具有分析过程和形成矩阵大小的不变性,处理较方便且计算量相对较小;同时,该方法可以类比扩充到水平受荷群桩分析中。

第 3 章

竖向荷载下桩筏基础通用分析方法与实现

3.1 竖向荷载下刚性板桩筏基础分析方法

3.1.1 绪言

随着桩筏基础应用越来越广泛,其分析方法也在不断发展。桩筏基础的简化分析方法主要包括两类,一类是,Davis 和 Poulos 提出的桩筏单元分析,结合相互作用系数应用到桩筏基础中[90];另一类是,Randolph 提出的由桩刚度和地基板刚度来求解桩筏基础刚度的分析方法[85]。桩筏基础的数值分析方法主要包括四大类,第一类是,将板作为有限条或地基板,土体和桩作为弹簧来进行模拟[103,107-108,105];第二类是,桩土体系采用边界单元方法,筏板分析采用边界元或有限单元方法[2,102,110];第三类是,土体和筏板分析均采用有限单元方法,一般简化为平面应变问题[228]或者轴对称问题来处理[229],三维有限元分析的建模和运算规模偏大[34,97,119,230],但可以采用矢量运算和并行算法来解决这一问题[101];第四类是,采用基于能量原理的变分方法来分析桩筏基础[114,116]。

上述桩筏基础分析方法中难以考虑任意桩长、桩径和刚度的影响,尽管采用有限单元方法可以实现,但其建模偏于复杂,适用性不强。本书采用幂函数有限项级数的表达式来表示桩筏基础中单桩的桩侧摩阻力分布规律,根据此关系表达式,结合弹性问题中的变形协调关系、物理方程和力的平衡方程,并考虑了桩—土—桩、桩—土—板、板—土—桩和板—土—板4种相互作用,来分析竖向受荷下桩筏基础的位移和桩身侧摩阻力以及桩端阻力的分布。此方法的特点是,不需要划分桩土体单元,而且对于任意长度、半径和刚度特性的桩组成的桩筏基础,求解过程中形成的各矩阵仅与基础中桩的数量有关,与其他变量无关,通用性较强且运算量较小。

3.1.2 刚性板下桩筏基础分析

3.1.2.1 桩侧摩阻力函数关系式

桩筏基础中桩侧摩阻力函数可由幂函数有限项级数表述,表达形式见式(3-1)[231]。

$$\tau_i(z) = \sum_{j=1}^{k} \alpha_{ij}(L_i - z)^{j-1} \tag{3-1}$$

式中,α_{ij} 为待定系数,$i = 1, 2, \cdots, np$,np 为群桩中总桩数;k 为待定整型变量;L_i 为第 i 桩的长度。

3.1.2.2 基础的变形协调关系

1. 桩—土—桩相互作用

桩—土—桩相互作用可参见文献[227]。

当土体为非均匀土体时,Mindlin 基本解[225]中土体的模量采用式(3-2)计算[9],

$$E_s = 0.5(E_{si} + E_{sj}) \tag{3-2}$$

式中,E_s 为非均匀土体中沉降计算采用的模量;E_{si} 为位移计算点处土体的模量;E_{sj} 为荷载作用处土体的模量。

桩—土—桩相互作用表示成矩阵的形式,见式(3-3)。

$$[w_p]_{(np\times(k+1))\times 1} = [f_{pp}]_{(np\times(k+1))\times(np\times(k+1))}[\alpha]_{(np\times(k+1))\times 1} \qquad (3-3)$$

式中,np 为群桩中总桩数;k 为整型待定变量;$[f]_{(np\times(k+1))\times(np\times(k+1))}$ 矩阵中各值参见文献[231];$[w_p]_{(np\times(k+1))\times 1} = \{w_{g11}, w_{g12}, \cdots, w_{g1k}, w_{b1}, w_{g21}, w_{g22}, \cdots, w_{g2k}, w_{b2}, \cdots, w_{gnp1}, w_{gnp2}, \cdots, w_{gnpk}, w_{bnp}\}^T$;$[\alpha]_{(np\times(k+1))\times 1} = \{\alpha_{11}, \alpha_{12}, \cdots, \alpha_{1k}, \sigma_{b1}, \alpha_{21}, \alpha_{22}, \cdots, \alpha_{2k}, \sigma_{b2}, \cdots, \alpha_{np1}, \alpha_{np2}, \cdots, \alpha_{npk}, \sigma_{bnp}\}^T$。

2. 板—土—桩相互作用

对于基础中由于桩侧和桩端应力引起的筏板下土体节点的位移,按式(3-4)求解。

$$w_{sm} = \sum_{i=1}^{np}\left(\sum_{j=1}^{k}\alpha_{ij}\iint_{S_i}f(0, z_i)(L_i-z)^{j-1}\mathrm{d}S_i + \sigma_{bi}\iint_{A_i}f(0, z_{bi})\mathrm{d}A_i\right)$$

$$(3-4)$$

式中,w_{sm} 表示第 m 个土节点的竖向位移;$m = 1, 2, \cdots, ns$,ns 为桩筏基础中筏板下土节点的总数;$f(c, z)$ 为半无限弹性体内 z 处单位荷载引起另一点 c 处位移的 Mindlin 基本解;S_i 第 i 根桩桩周柱面;A_i 为第 i 根桩桩端圆截面;$\tau_i(z)$ 为第 i 根桩深度 z 处的桩侧摩阻力;σ_{bi} 为第 i 根桩桩端应力;z_{bi} 为第 i 根桩桩端纵坐标;其他符号意义同前。

将板—土—桩相互作用表示成矩阵形式,见式(3-5)。

$$[w_s]_{ns\times 1} = [f_{sp}]_{ns\times(np\times(k+1))}[\alpha]_{(np\times(k+1))\times 1} \qquad (3-5)$$

式中,$[f_{sp}]_{ns\times(np\times(k+1))}$ 矩阵中各值可由式(3-4)确定;$[w_s]_{ns\times 1} = \{w_1, w_2, \cdots, w_{ns}\}^T$;其他符号意义同前。

3. 桩—土—板相互作用

由于板下土节点的荷载产生的桩筏基础中,第 n 根桩的第 m 个 gauss 积分点处土体的位移,采用半无限体表面受法向集中力作用的 Boussinesq 基本解[232]计算,可由式(3-6)表示。

$$w_{nm} = \sum_{i=1}^{ns} \frac{(1+\nu)}{2E\pi R_{ni}} \left[\frac{z_{nm}^2}{R_{ni}^2} + 2(1-\nu) \right] \qquad (3-6)$$

$$R_{ni} = \sqrt{r_{ni}^2 + z_{nm}^2} \qquad (3-7)$$

式中,$m = 1, 2, \cdots, k+1$,z_{nm} 为第 n 根桩第 m 个 gauss 积分点纵坐标(当 $m = k+1$ 时代表桩端);r_{ni} 为第 n 根桩第 m 个 gauss 积分点与第 i 个土节点的水平距离(当 $m = k+1$ 时代表桩端);E 为土体弹性模量;ν 为土体的泊松比。

将桩—土—板表示成矩阵形式,见式(3-8)。

$$[w_{\mathrm{p}}]_{(np \times (k+1)) \times 1} = [f_{\mathrm{ps}}]_{(np \times (k+1)) \times ns} [p_{\mathrm{s}}]_{ns \times 1} \qquad (3-8)$$

式中,$[f_{\mathrm{ps}}]_{(np \times (k+1)) \times ns}$ 可由式(3-6)确定;$[p_{\mathrm{s}}]_{ns \times 1} = \{p_{\mathrm{s}1},\ p_{\mathrm{s}2},\ \cdots,\ p_{\mathrm{s}ns}\}^{\mathrm{T}}$,为土节点荷载列阵;其他符号意义同前。

4. 板—土—板相互作用

不同位置处的板—土—板相互作用采用半无限体表面受法向集中力作用的 Boussinesq 基本解计算,参见式(3-6)和式(3-7)。相同位置处的相互作用采用半无限体表面圆形区域内受均匀分布压力作用的 Boussinesq 基本解[232]计算,表达式见式(3-9)。

$$w = \frac{(1+\nu)r}{E} \left[\frac{\sqrt{r^2 + z^2}}{r} - \frac{z}{r} \right] \left[2(1-\nu) + \frac{z}{\sqrt{r^2 + z^2}} \right] \qquad (3-9)$$

式中,r 表示等效圆形区域的半径;z 表示产生位移点处的深度;其他符号意义同前。

将板—土—板相互作用表示成矩阵的形式,见式(3 - 10),

$$[w_{\mathrm{s}}]_{ns\times1} = [f_{\mathrm{ss}}]_{ns\times ns}[p_{\mathrm{s}}]_{ns\times1} \tag{3 - 10}$$

式中,$[f_{\mathrm{ss}}]_{ns\times ns}$ 矩阵的各值可由式(3 - 6),式(3 - 7)和式(3 - 9)确定;其他符号意义同前。

将式(3 - 3),式(3 - 5),式(3 - 8)和式(3 - 10)合并,得式(3 - 11),

$$[w]_{(np\times(k+1)+ns)\times1} = [f]_{(np\times(k+1)+ns)\times(np\times(k+1)+ns)}[p]_{(np\times(k+1)+ns)\times1}$$

$$\tag{3 - 11}$$

其中,$[w]_{(np\times(k+1)+ns)\times1} = \{[w_{\mathrm{p}}]^{\mathrm{T}}_{(np\times(k+1))\times1}, [w_{\mathrm{s}}]^{\mathrm{T}}_{ns\times1}\}^{\mathrm{T}}$; $[p]_{(np\times(k+1)+ns)\times1} = \{[\alpha]^{\mathrm{T}}_{(np\times(k+1))\times1}, [p_{\mathrm{s}}]^{\mathrm{T}}_{ns\times1}\}^{\mathrm{T}}$; $[f]_{(np\times(k+1)+ns)\times(np\times(k+1)+ns)} = \begin{bmatrix} [f_{\mathrm{pp}}]_{(np\times(k+1))\times(np\times(k+1))} & [f_{\mathrm{ps}}]_{(np\times(k+1))\times ns} \\ [f_{\mathrm{sp}}]_{ns\times(np\times(k+1))} & [f_{\mathrm{ss}}]_{ns\times ns} \end{bmatrix}$。

3.1.2.3　桩身物理方程

桩身的物理方程是分析从桩顶至桩身某一深度处桩体的压缩量的大小。对于基础中第 i 桩,该桩 k 个 gauss 积分点和桩端处桩身的压缩量可由以下矩阵表达式[233]。

$$\begin{bmatrix} \Delta w_{i1} \\ \Delta w_{i2} \\ \vdots \\ \Delta w_{ik} \\ \Delta w_{bi} \end{bmatrix} = [\Delta f_{(k+1)\times(k+1)}]\begin{bmatrix} \alpha_{i1} \\ \alpha_{i2} \\ \vdots \\ \alpha_{ik} \\ \sigma_{bi} \end{bmatrix} \tag{3 - 12}$$

式中,$[\Delta f_{(k+1)\times(k+1)}]$ 矩阵中各值由式(3 - 13)求得。

$$\Delta w_{iz} = \frac{2}{E_{\mathrm{p}i}r_i}\sum_{j=1}^{k}\frac{L_i^{(j+1)} - (L_i - z)^{(j+1)}}{j(j+1)}\alpha_{ij} + \frac{z}{E_{\mathrm{p}i}}\sigma_{\mathrm{b}i} \tag{3 - 13}$$

对于整个群桩基础,可以将式(3-12)扩充为式(3-14)的矩阵形式,

$$[\Delta w]_{(np\times(k+1))\times1} = [\Delta f]_{(np\times(k+1))\times(np\times(k+1))}[\alpha]_{(np\times(k+1))\times1} \quad (3-14)$$

式中,$[\Delta f]_{(np\times(k+1))\times(np\times(k+1))}$ 由式(3-12)中单桩的 $[\Delta f_{(k+1)\times(k+1)}]$ 扩充而成;$[\Delta w]_{((np\times(k+1))\times1} = \{\Delta w_{g11}, \Delta w_{g12}, \cdots, \Delta w_{g1k}, \Delta w_{b1}, \Delta w_{g21}, \Delta w_{g22}, \cdots, \Delta w_{g2k}, \Delta w_{b2}, \cdots, \Delta w_{gnp1}, \Delta w_{gnp2}, \cdots, \Delta w_{gnpk}, \Delta w_{bnp}\}^T$
$[\alpha]_{(np\times(k+1))\times1}$ 含义同前。

3.1.2.4 力的平衡方程

根据桩体桩侧摩阻力和桩端阻力与桩顶荷载的平衡关系式,当 $z = 0$ 时,桩身轴力应等于桩顶的荷载[233]。

$$p_{ti} = p_i(0) = 2\pi r_i \sum_{j=1}^{k} \frac{L_i^j}{j}\alpha_{ij} + \pi r_i^2 \sigma_{bi} \quad (3-15)$$

对于长短桩群桩基础可以形成以下矩阵的形式,见式(3-16)。

$$[T]_{(np+ns)\times(np\times(k+1)+ns)}[p]_{(np\times(k+1)+ns)\times1} = [p_t]_{(np+ns)\times1} \quad (3-16)$$

式中,$[p]_{(np\times(k+1)+ns)\times1}$ 含义见式(3-11);$[p_t]_{np\times1} = \{p_{t1}, p_{t2}, \cdots, p_{tnp}, [p_s]_{ns\times1}^T\}^T$;$[T]_{(np+ns)\times(np\times(k+1)+ns)}$ 可由式(3-15)的单桩分析扩充而成,对应于板土接触节点采用单位对角阵处理。

3.1.2.5 桩筏基础分析

桩筏基础中桩顶的沉降应等于桩身某点的沉降加上该点至桩顶的桩体压缩量,即

$$\begin{cases} w_{npm} + \Delta w_{npm} = w_{tpn} \\ w_{bpn} + \Delta w_{bpn} = w_{tpn} \end{cases} \quad (3-17)$$

将基于变形协调关系的式(3-11)和基于物理方程的式(3-14)代入式

(3-17),可得如下矩阵表示形式,见式(3-18)。

$$[w_t]_{(np\times(k+1)+ns)\times 1} = [g]_{(np\times(k+1)+ns)\times(np\times(k+1)+ns)}[p]_{(np\times(k+1)+ns)\times 1}$$

$$(3-18)$$

式中,$[w_t]_{(np\times(k+1)+ns)\times 1} = \{[w_{tp}]^T_{(np\times(k+1))\times 1}, [w_s]^T_{ns\times 1}\}^T$;$[g]_{(np\times(k+1)+ns)\times(np\times(k+1)+ns)}$

$$= \begin{bmatrix} [f_{pp}]_{(np\times(k+1))\times(np\times(k+1))} + [\Delta f]_{(np\times(k+1))\times(np\times(k+1))} & [f_{ps}]_{(np\times(k+1))\times ns} \\ [f_{sp}]_{ns\times(np\times(k+1))} & [f_{ss}]_{ns\times ns} \end{bmatrix};$$

$[w_{tp}]_{(np\times(k+1))\times 1} = \{w_{tp1}, w_{tp1}, \cdots, w_{tp1}, w_{tp1}, w_{tp2}, w_{tp2}, \cdots, w_{tp2},$

$w_{tp2}, \cdots, w_{tpnp}, w_{tpnp}, \cdots, w_{tpnp}, w_{tpnp}\}^T$。

引入力的平衡方程,根据式(3-16)和式(3-18)可以得到桩筏基础中荷载和位移之间的关系表达式式(3-19)。

$$[k]_{(np+ns)\times(np\times(k+1)+ns)}[w_t]_{(np\times(k+1)+ns)\times 1} = [p_t]_{(np+ns)\times 1} \quad (3-19)$$

式中,$[k]_{(np+ns)\times(np\times(k+1)+ns)} = [T]_{(np+ns)\times(np\times(k+1)+ns)}[g]^{-1}_{(np\times(k+1)+ns)\times(np\times(k+1)+ns)}$。

根据$[w_{tp}]$ $k+1$ 次重复的特性,可以将式(3-19)中的矩阵 $[k]$ 进行化简,即与桩相互作用相关的列每 $k+1$ 列相加化为一列,从而形成式(3-20)。

$$[k]_{(np+ns)\times(np+ns)}[w_t]_{(np+ns)\times 1} = [p_t]_{(np+ns)\times 1} \quad (3-20)$$

分析时首先选定式(3-1)中幂函数有限项级数的个数,即整型变量 k 的大小。对于位移分析 $k=3$ 可满足精度要求,对于桩侧摩阻力和端阻力分析,$k=3$ 或 $k=4$ 即可满足精度要求。由此可以形成表征基础荷载与位移的刚度矩阵 $[k]_{(np+ns)\times(np+ns)}$,参见式(3-19)。然后根据基础荷载大小和刚性筏板的位移条件求解线性方程组,见式(3-20),可求得基础的平均沉降和桩顶和土体节点上荷载大小。将 $[w_t]$ 代入式(3-11),可求得 $[\alpha]$ 矩阵中的各元素,进而可由式(3-1)求得桩筏基础中任一单桩的桩端阻力和任意深度处的桩侧摩阻力大小。

3.1.3　比较与验证

比较中的有限元法分析采用 ANSYS 商用软件,桩和土体均采用 8 节点六面体单元进行模拟,筏板采用壳单元进行分析,桩土间没有设置接触面单元,有限元模型的范围在竖向取两倍的长桩桩长,水平方向取 2.5 倍的长桩长度[118],模型侧面采用法向约束,底面采用全自由度约束。分析中桩体和筏板的泊松比均取 0.2。

3.1.3.1　等桩长结果比较

实例 1

均匀土体中由两桩组成的刚性板桩筏基础,长径比为 20,距径比为 2.5,筏板尺寸为 $10r_0 \times 5r_0$(r_0 表示桩半径),悬挑距离为 2.5 r_0,压缩层厚度为 2 倍的桩长,土体泊松比取 0.5。在不同的桩土刚度比(以 λ 表示,$\lambda = E_p/G_s$,E_p 为桩的弹性模量,G_s 为土的剪切模量)下,不同分析方法得出的桩筏基础刚度,[以 $P/(G_s r_0 w_t n_p)$ 表示,P 为外荷载,w_t 为基础沉降,n_p 为基础中桩的数量]和筏板分担荷载比例(以 $P_c/P\%$ 表示,P_c 为筏板承担的荷载)的结果见表 3-1。

表 3-1　2 桩桩筏基础分析结果比较

比较项目	分析方法	桩土刚度比 λ			
		100	1 000	10 000	∞
$P/(G_s r_0 w_t n_p)$	本书方法	25.9	46.1	55.6	57.0
	Chow 方法	26.7	46.2	55.2	56.7
	Banerjee 方法	24.0	42.0	50.0	51.9
	Shen 方法	25.8	46.6	56.6	58.2
	有限元方法	29.1	42.1	46.7	47.4

比较项目	分析方法	桩土刚度比 λ			
		100	1 000	10 000	∞
$P_c/P(\%)$	本书方法	45.2	18.7	14.0	13.4
	Chow 方法	44.3	19.6	14.4	13.7
	Banerjee 方法	54.0	22.0	15.0	14.0
	Shen 方法	50.5	20.9	15.2	14.5
	有限元方法	68.1	39.0	32.6	31.8

不同分析方法中,Chow 方法采用文献[98]中方法,Banerjee 方法采用文献[234]中边界单元方法,Shen 方法采用文献[114]中变分方法。

由表 3-1,本书方法的计算结果与 Chow 方法最为接近,与 Banerjee 方法和 Shen 方法略有差异。采用 ANSYS 计算的有限单元结果中仅位移与其他方法相近,筏板分担的荷载比例与其他方法的结果差别较大,但其基本变化趋势仍然是一致的。

实例 2

均匀土体中 2×2 规格的群桩组成的桩筏基础,筏板尺寸为 $10r_0\times 10r_0$,其他条件同上。不同分析方法得出的桩筏基础刚度和筏板分担荷载比例的结果见表 3-2。

表 3-2　2×2 桩桩筏基础分析结果比较

比较项目	分析方法	桩土刚度比 λ			
		100	1 000	10 000	∞
$P/(G_s r_0 w_t n_p)$	本书方法	18.8	31.1	35.6	36.2
	Chow 方法	19.2	31.1	35.3	35.9
	Banerjee 方法	17.6	27.5	31.1	31.5

续　表

比较项目	分析方法	桩土刚度比 λ			
		100	1 000	10 000	∞
$P/(G_s r_0 w_t n_p)$	Shen 方法	18.9	31.5	36.2	36.8
	有限元方法	20.4	28.9	31.4	31.7
$P_c/P(\%)$	本书方法	46.1	21.4	17.3	16.8
	Chow 方法	42.2	19.9	15.7	15.2
	Banerjee 方法	54.0	25.0	19.0	18.0
	Shen 方法	52.9	24.2	19.0	18.4
	有限元方法	63.6	35.1	29.7	29.0

由表 3-2,本书方法位移的计算结果与 Chow 方法最为接近,筏板承担荷载比例的结果介于 Chow 方法、Banerjee 方法和 Shen 方法之间。随着桩筏基础中桩数量的增加,采用 ANSYS 计算的有限单元结果与其他方法分析结果的差异在变小。但仍然存在位移差别较小而筏板承担荷载的比例差别偏大的特点。各种分析方法位移和筏板承担荷载的比例随桩土刚度比变化的规律是相同的。

3.1.3.2　变桩长结果比较

1. 均匀土实例

均匀土体中由 5 桩组成的桩筏基础,其中 4 桩位于边长为 $10r_0$(r_0 表示桩半径)的正方形角点上,第 5 桩位于正方形形心处。角桩长度为 $40r_0$,桩土刚度比 $\lambda=6\ 000$。筏板尺寸为 $20r_0\times20r_0$,筏板悬挑长度为 $4.5r_0$,压缩层厚度为 $120r_0$,土体泊松比取 0.5。随中心桩长度变化,本书方法和有限元方法得出的桩筏基础刚度和筏板分担荷载比例的结果分别见图 3-1 和图 3-2。

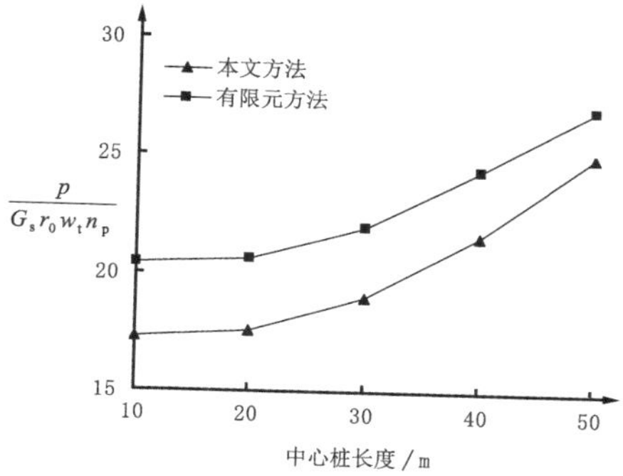

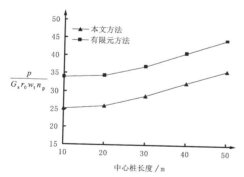

图 3-1　均匀土中五桩桩筏
基础的刚度

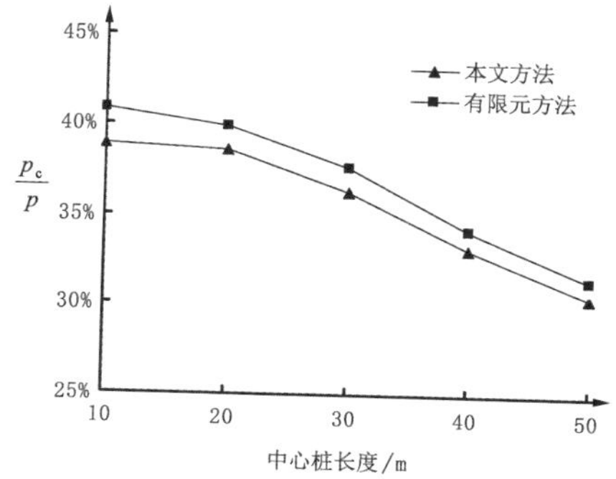

图 3-2　均匀土中五桩桩筏基础
筏板分担的荷载

2. 非均匀土实例

非均匀土体中由 5 桩组成的桩筏基础,基础布置形式同上例,土体模量随深度线性变化,此时,桩土刚度比 $\lambda = E_p/G_{sTop} = 6\,000$,$G_{sTop}$ 为土体在桩顶处的剪切模量,土体模量随深度增大率为 $0.05G_{sTop}\,m^{-1}$,变化厚度为 $40r_0$,压缩层厚度为 $120r_0$,土体泊松比不随深度变化,取值 0.5。随中心桩长度变化,本书方法和有限元方法得出的桩筏基础刚度和筏板分担荷载比例的结果分别见图 3-3 和图 3-4。

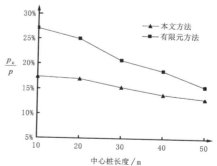

图 3-3　非均匀土中五桩桩筏
基础的刚度

图 3-4　非均匀土中五桩桩筏基础
筏板分担的荷载

3.1.4　结论

通过上述不同分析方法与本文方法分析结果的比较,说明本书提出的分析方法是合理的,推导过程是正确的。本书方法可以分析均匀土和土体模量随深度线性变化下的刚性板桩筏基础。需要指出的是该方法不需要将桩体划分单元,且对于不同长度、半径和材料特性的桩组成的群桩基础具有分析过程和形成矩阵大小的不变性,处理较方便且计算量相对较小。

3.2　竖向荷载下桩筏基础通用分析方法

3.2.1　前言

　　桩筏基础分析中筏板多采用 C_1 型连续的 Kirchhoff 薄板弯曲理论来进行分析[102,105,107-109,116,119,152],而采用 C_0 型连续的 Reissner-Mindlin 厚板理论进行分析[97,235]的偏少。工程实际中筏板可能属于薄板范围也可能出现在厚板范围内,判断属于厚板或薄板的标准甚多[53,102,236-237],最终 Horikoshi 进行了修正统一[238],但均局限于矩形或圆形等简单几何外形的地基板。所以实际中若盲目采用薄板理论或厚板理论进行分析,将缺乏理论选用的严谨性,而采用一种厚薄板通用分析方法进行分析是最合理的。

　　已有的研究表明用厚板理论分析薄板时会出现剪切闭锁现象[239],无法分析薄板。为避免出现这类问题,众多从事有限元研究的学者提出了诸多厚板理论的改进方法,以使其能够用于薄板情形,包括缩减积分方法[240]、选择性缩减积分法[241]、代替剪应变方法[242]、离散 Kirchhoff 方法[243]、稳定性矩阵方法[244,245]、混合插值法[246]、自由作法[247]等。这些方法在一些情况下解决了剪切闭锁现象,但不具备处理任意问题的通用性。有些学者放弃了板的理论,采用实体单元或者退化实体单元方法进行分析[248],但结果中弯矩和剪力需要通过应力进行再次求解,结点数量多且处理偏于麻烦。

　　在上述由厚板理论构造的厚板元过渡到厚—薄板元时,遇到了难以克服的问题后,一些学者选择由薄板理论构造的薄板元过渡到薄—厚板元来构造厚薄板通用分析单元[249-250],这些方法是在薄板理论基础上引入了剪切应变,从而彻底克服了剪切闭锁现象。

本书在文献[251-252]基础上结合厚薄板通用分析方法解决了桩筏基础中包含任意桩长、桩径和桩身刚度以及任意筏板形状和厚度时难以处理的问题,该方法仅需要划分板单元,不需要划分桩土体单元,且计算量较小。

3.2.2　桩筏基础分析

3.2.2.1　桩土刚度

1. 桩侧摩阻力表达式

桩筏基础中桩侧摩阻力函数可由幂函数有限项级数表述,表达形式见式(3-21)[231]。

$$\tau_i(z) = \sum_{j=1}^{k} \alpha_{ij}(L_i - z)^{j-1} \qquad (3-21)$$

式中,α_{ij} 为待定系数,$i = 1, 2, \cdots, np$,np 为群桩中总桩数;k 为待定整型变量;L_i 为第 i 桩桩长。

2. 桩土体系的刚度

桩筏基础包含 4 种相互作用,分别为桩—土—桩、板—土—桩、桩—土—板和板—土—板相互作用。前两种相互作用分析采用 Mindlin 基本解[225]进行,后两种相互作用采用 Boussinesq 基本解[232]计算。结合桩身压缩的物理方程和力的平衡方程,可以得出考虑桩筏相互作用的桩土体系的刚度表达式[253],

$$[k_{\mathrm{ps}}]_{(np+ns)\times(np+ns)}[w_{\mathrm{t}}]_{(np+ns)\times1} = [p_{\mathrm{t}}]_{(np+ns)\times1} \qquad (3-22)$$

式中,ns 为桩筏基础中筏板下土结点的总数;np 为群桩中总桩数;$[k_{\mathrm{ps}}]$ 为桩土体系的刚度矩阵;$[w_{\mathrm{t}}]$ 为桩土体系的顶部位移列阵;$[p_{\mathrm{t}}]$ 为桩土体系的顶部荷载列阵。

3.2.2.2 筏板刚度

本书的桩筏基础分析中筏板分析采用有限单元方法,单元类型采用厚薄板通用四边形等参单元[251-252]。这种类型的单元是基于 Timoshenko 厚梁理论[254] 和 Mindlin 板单元采用转角场和剪应变场进行合理插值的方式提出的,现将该方法形成筏板刚度的有限元过程简述如下。

1. 单元剪应变场

厚薄板通用四边形单元每个结点含有 3 个自由度,即 $q_i = (w_i, \psi_{xi}, \psi_{yi})^{\mathrm{T}}$, $i = 1, 2, 3, 4$,分别表示单元中 4 个结点处的挠度和笛卡儿坐标系中两个方向的转角。

根据 Timoshenko 厚梁理论中挠度和切向转角的插值公式以及整体坐标系和单元各边局部坐标系间的转换关系式,可以得出四边形单元各边的横向剪应变与单元中结点自由度的关系式,见式(3-23)。

$$\{\gamma_s^*\}_{4\times 1} = [\Gamma^*]_{4\times 12}\{q\}_{12\times 1}^e \qquad (3-23)$$

式中,$\gamma_s^* = d_i\gamma_{si}$, $i = 1, 2, 3, 4$; d_i 为单元各边的长度,γ_{si} 为各边的横向剪应变;$[\Gamma^*]$ 为转换关系矩阵,具体各值参见文献[252];$\{q\}^e$ 为单元自由度列阵。

由于任意两条边相交于一结点,在该结点处将单元两边的横向剪应变投影到整体坐标系中,得到结点剪应变与各边剪应变之间的关系,见式(3-24)。

$$\{\gamma_{xi}\}_{4\times 1} = [X_s]_{4\times 4}\{\gamma_{si}^*\}_{4\times 1}$$

$$\{\gamma_{yi}\}_{4\times 1} = [Y_s]_{4\times 4}\{\gamma_{si}^*\}_{4\times 1} \qquad (3-24)$$

式中,$\{\gamma_{xi}\}$ 和 $\{\gamma_{yi}\}$ 为单元结点的剪应变;$[X_s]$ 和 $[Y_s]$ 为转换矩阵;其他符号意义同前。

根据结点处的剪应变,通过线性插值可以得到单元的剪切应变矩阵和剪应变场,见式(3-25)和式(3-26)。

$$[B_s]_{2\times12} = \begin{bmatrix} [N_s][X_s][\Gamma^*] \\ [N_s][Y_s][\Gamma^*] \end{bmatrix} \qquad (3-25)$$

$$\begin{Bmatrix} \gamma_x \\ \gamma_y \end{Bmatrix} = [B_s]\{q\}^e \qquad (3-26)$$

式中,γ_x 和 γ_y 为单元内两个方向的剪应变场;$[B_s]$ 为单元剪切应变矩阵;$[N_s]_{1\times4}$ 为单元插值形函数,表达式见式(3-27)[255]。

$$N_i = \frac{(1+\xi_0)(1+\eta_0)}{4} \qquad i=1,2,3,4 \qquad (3-27)$$

式中,$\xi_0 = \xi_i\xi$;$\eta_0 = \eta_i\eta$;ξ_i 和 η_i 为单元节点的局部坐标值;ξ 和 η 为局部坐标变量。

2. 单元转角场和曲率场

将单元中任意边连接的两个结点处的转角投影到边所在的局部坐标系中,假定各边的法向转角沿边界线性分布,从而得到单元各边中点处的法向转角。根据 Timoshenko 厚梁理论和整体与局部坐标系的投影关系,可得到单元各边中点处的切向转角。然后将单元各边中点处局部坐标系下的法向和切向转角投影到整体坐标系中,得到如下关系式。

$$\{\overline{\psi}_x\} = [\alpha]\{q\}^e$$
$$\{\widetilde{\psi}_y\} = [\beta]\{q\}^e \qquad (3-28)$$

式中,$\{\widetilde{\psi}_x\} = [\psi_{x5},\psi_{x6},\psi_{x7},\psi_{x8}]^T$;$\{\widetilde{\psi}_y\} = [\psi_{y5},\psi_{y6},\psi_{y7},\psi_{y8}]^T$;$\psi_{xi}$ 和 $\psi_{yi}(i=5,6,7,8)$ 为单元各边中点处两个方向的转角;$[\alpha]_{4\times12}$ 和 $[\beta]_{4\times12}$ 为转换关系矩阵,具体各值可参见文献[252]。

将单元四个角点处的转角和上述各边中点处的转角进行 8 结点二次

插值可得到单元内转角场,表达式见式(3-29)。

$$\psi_x = \sum_{i=1}^{8} N_i \psi_{xi}$$

$$\psi_y = \sum_{i=1}^{8} N_i \psi_{yi}$$

(3-29)

式中,ψ_x 和 ψ_y 为单元内任意点处两个方向的转角;$N_i(i=1,2,\cdots,8)$ 为插值形函数[255],对于角点

$$N_i = \frac{1}{4}(1+\xi_0)(1+\eta_0)(\xi_0+\eta_0-1) \quad i=1,2,3,4; \quad (3-30)$$

对于边中点

$$N_i = \frac{1}{2}(1-\xi^2)(1+\eta_0) \quad \xi_i = 0$$

$$N_i = \frac{1}{2}(1-\eta^2)(1+\xi_0) \quad \eta_i = 0 \quad (3-31)$$

单元曲率场和转角场存在式(3-32)的关系。

$$\{\kappa\} = [\kappa_x, \kappa_y, 2\kappa_{xy}]^{\mathrm{T}} = \left[\frac{-\partial\psi_x}{\partial x}, \frac{-\partial\psi_y}{\partial y}, -\left(\frac{\partial\psi_x}{\partial y}+\frac{\partial\psi_y}{\partial x}\right)\right]^{\mathrm{T}} \quad (3-32)$$

式中,$\{\kappa\}$ 为包含单元两个方向的曲率和扭率的列阵。

根据式(3-32)可以得到单元的弯曲应变矩阵,即

$$[B_b]_{4\times12} = -([H_0]+[H_1][\alpha]+[H_2][\beta]) \quad (3-33)$$

式中,$[H_0]_{4\times12}$、$[H_1]_{4\times4}$ 和 $[H_2]_{4\times4}$ 是由以自然坐标表示的形函数对总体坐标的偏导数表述的矩阵,矩阵中具体的各值参见文献[252];其他各符号意义同前。

3. 板的刚度矩阵

板单元刚度矩阵由单元的弯曲刚度矩阵和单元的剪切刚度矩阵两部分组成,即

$$[K]^e = [K_b]^e + [K_s]^e \qquad (3-34)$$

式中,$[K]^e_{12\times12}$ 为单元刚度矩阵;$[K_b]^e_{12\times12}$ 为单元的弯曲刚度矩阵;$[K_s]^e_{12\times12}$ 为单元的剪切刚度矩阵。

其中,单元的弯曲刚度矩阵的表达式为[256-257]

$$[K_b]^e = \iint_{A_e} [B_b]^T [D] [B_b] \mathrm{d}A \qquad (3-35)$$

式中,A_e 代表单元面积;$[B_b]$ 为弯曲应变矩阵;$[D]_{3\times3}$ 为弯曲弹性刚度矩阵。

$$[D] = D_0 \begin{bmatrix} 1 & \mu & \\ \mu & 1 & \\ & & \dfrac{1-\mu}{2} \end{bmatrix}, \ D_0 = \frac{Eh^3}{12(1-\mu^2)} \qquad (3-36)$$

式中,E 为板的弹性模量;h 为板的厚度;μ 为板的泊松比。

剪切刚度矩阵的表达式为[256-257]

$$[K_s]^e = \iint_{A_e} [B_s]^T [C] [B_s] \mathrm{d}A \qquad (3-37)$$

式中,$[B_s]$ 为剪切应变矩阵;$[C]_{2\times2}$ 为剪切弹性刚度矩阵,$[C] = \dfrac{Eh}{2.4(1+\mu)} \begin{bmatrix} 1 & 0 \\ 0 & 1 \end{bmatrix}$。

将单元刚度矩阵进行组装可得到板的整体刚度矩阵,以 $[K_R]$ 表示,见式(3-38)。

$$[K_R]\{w_r\} = \{P_{out}\} \qquad\qquad (3-38)$$

式中，$\{w_r\}$ 为筏板各结点的位移；$\{P_{out}\}$ 为集中力荷载，面荷载和线荷载的等效结点力矩阵。

3.2.2.3 求解过程

将桩土体系和筏板两者进行合并，筏板下桩土体系的反力作为筏板有限元分析的外荷载，式(3-38)将变为式(3-39)。

$$[K_R]\{w_r\} = \{P_{out}\} - \{P_t\} \qquad\qquad (3-39)$$

将筏板的横向位移与桩土体系的竖向位移相协调，引入式(3-22)可得

$$([K_R] + [K_{ps}])\{w_r\} = \{P_{out}\} \qquad\qquad (3-40)$$

该式仅为说明表达式，不是矩阵运算式，因为 $[K_R]$ 和 $[K_{ps}]$ 两矩阵的维数不同，两者叠加时仅将 $[K_{ps}]$ 叠加到对应的 $[K_R]$ 矩阵中与横向位移相互作用相关的项中。

求解方程式(3-40)可得到筏板各结点的位移(包含桩顶的位移)。将求得的位移向量代入筏板的单元应力矩阵中可得各单元的高斯积分点处的弯矩和剪力大小，通过外插方法[258]可求得各结点处的弯矩和剪力大小。根据求得的位移向量和文献[253]中方法，可以求得桩顶和筏板分担的荷载大小，筏板下压力分布情况，基础中各桩桩身侧摩阻力和端阻力分布情况。

3.2.3 方法验证

3.2.3.1 实例1

均匀土体中，由 3×3 群桩组成的桩筏基础，筏板尺寸为 6.0×6.0 m，厚度为 0.5 m，悬挑长度为 1.0 m；各桩长度均为 20.0 m，桩径 0.4 m，桩间

距 2.0 m。其他参数见表 3-3 所示。外荷载为均匀分布的面荷载,大小为 1.0 MPa。筏板有限元网格划分中单元数量为 36 个,结点数为 49 个。

表 3-3　3×3 桩筏基础计算参量表

	土	桩	筏　板
弹性模量/MPa	280	35 000	35 000
泊松比	0.4	/	0.3

本书方法和 Clancy and Randolph 方法[107]以及 Chow 变分方法[116]的计算结果见表 3-4。无论是基础的平均沉降还是桩承担的荷载百分比,3 种分析方法的计算结果均相近。

表 3-4　3×3 桩筏基础计算结果

分　析　方　法	平均沉降/mm	桩承担荷载百分比/%
本书方法	8.06	73
Clancy 和 Randolph 方法	8.03	80
Chow 变分方法	8.02	75

3.2.3.2　实例 2

Poulos(1997)提出了一个典型的桩筏基础考题来比较各种桩筏基础分析方法[259]。该桩筏基础共 15 根桩,平面布置形式见图 3-5,计算参量见表 3-5。本书方法的结果和 Poulos 板加弹簧的分析方法(程序 GARP)[104]、Ta 和 Small 的有限元和有限层结合的分析方法[110]、Sinha 的有限元和边界元结合的分析方法[260]、Chow 的变分方法[116]的计算结果分别见图 3-6。计算结果包括基础的平均沉降、中心部位与 X 向外边界的差异沉降、X 向的最大弯矩值和桩承担的荷载百分比。

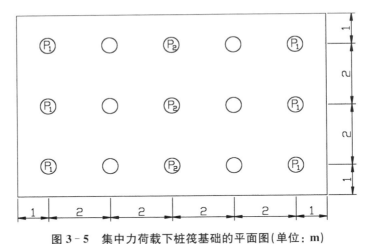

图 3-5　集中力荷载下桩筏基础的平面图(单位: m)

表 3-5　3×5桩筏基础计算参量表

	土　体	桩	筏　板
弹性模量/MPa	20	30 000	30 000
泊松比	0.3	/	0.2
几何尺寸	厚度 20 m	长度 10 m, 半径 0.25 m, 桩距 2 m	厚度 0.5 m
外荷载		$P_1 = 1.0$ MN, $P_2 = 2.0$ MN	

由图 3-6,平均沉降以 Sinha 分析方法偏大,其他各种分析方法相当;差异沉降以 Poulos 方法偏大一些,其他方法较为接近;最大弯矩的结果以 Poulos 方法最大,Ta 和 Small 方法最小,本书方法与其他两种方法相近;桩承担总荷载的百分比以 Sinha 分析方法最小,其他 4 种方法很接近。

3.2.3.3　实例 3

非均匀土体中 3×3 群桩组成的桩筏基础,基础组成见表 3-6。以下比较中的有限元法分析采用 ANSYS 商用软件,桩采用三维杆单元,土体均

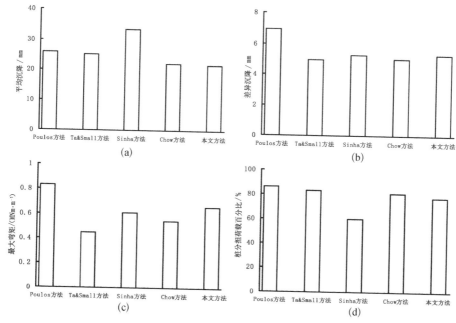

图 3-6 3×5 桩筏基础的比较结果

采用 8 节点六面体单元进行模拟,筏板采用壳单元进行分析,桩土间没有设置接触面单元,有限元模型的范围在竖向取两倍的长桩桩长,水平方向取 2.5 倍的长桩长度,模型侧面采用法向约束,底面采用全自由度约束[13,118]。

表 3-6 非均匀土中桩筏基础计算参量表

	土 体	桩	筏 板
弹性模量 /MPa	起始为 200 随深度增大率为 5 m⁻¹	30 000	30 000
泊松比	0.4	0.2	0.2
几何尺寸	压缩层厚度 40 m	角桩长度 16 m, 边桩长度 20 m, 中心桩长度 24 m, 半径 0.5 m,桩距 3.5 m	尺寸 10×10 m 厚度 0.5 m, 悬挑长度 1.5 m
外荷载	均布面荷载为 1 MPa		

筏板的沉降等值线比较结果见图3-7。可见,两者的分布规律相同,只是数量上略有差别。

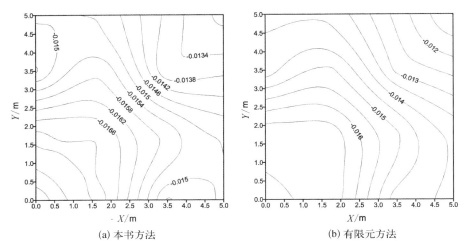

(a) 本书方法　　　　　　　　　(b) 有限元方法

图3-7　非均匀土中不等桩长桩筏基础的结果比较(单位: m)

3.2.4　结论

通过均匀土体和非均匀土体中等长度和不等长度的桩组成的桩筏基础分析结果比较,说明本书提出的桩筏基础通用分析方法是合理的。该方法的突出优点是可以分析由任意桩长,桩半径和刚度特性的桩群,任意厚度和几何外形的筏板组成的竖向受荷桩筏基础,且不需要划分桩土体单元,仅需要板单元划分的有限元计算数据,计算数据的准备工作量少,应用较方便。

3.3　采用面向对象方法的桩筏基础分析

3.3.1　前言

程序设计方法是对现实事物实现过程的描述,不同方法体现了不同的问题分析角度和实现过程。面向对象的方法由于比面向过程方法更符合人类认识事物的逻辑思想过程,逐渐成为了软件开发设计的主流模式。面向对象方法的主要特征包括抽象、封装、继承、多态性等。抽象指对事物进行分析提炼,用最概化的属性和方法来描述研究的事物;封装最低化了变量与实现之间的关联程度,使得程序设计中数据和实现的安全性大为提高;继承体现了事物之间的逻辑层次和代码重用性,是一个从普通到特殊,从简单到复杂的过程;多态性体现了程序使用的灵活性和人性化。

面向对象分析方法在土木工程中的应用主要集中于有限元分析领域,这得益于国外学者在此方面所作的一些开拓性研究成果[261-264]。面向对象分析方法已应用在钢筋混凝土结构分析[265]、结构抗震分析[266]、固结分析[267]、地下结构分析[268]、基坑分析[269-270]、边坡分析[271]等土木工程领域。这些多是将面向对象有限元方法在各个不同领域内进行了细化和发展,对于桩基础和桩筏基础的分析,目前尚无面向对象方法的分析。

考虑到计算效率问题和处理问题的复杂程度,桩基础和桩筏基础的分析方法一般不采用有限单元方法。尽管桩筏基础中筏板的分析多采用有限元方法,但是桩筏基础分析中不可能采用上述有限元的面向对象实现过程。为此,本书提出了桩基础和桩筏基础面向对象方法的实现框架,并采用面向对象开发语言之一的 C++语言给出了程序中各类的实现过程。

3.3.2　桩基础的面向对象分析

竖向荷载作用下桩基础的分析方法包括 Butterfield 边界单元方法[2]、Poulos 相互作用系数方法[6,8]、Randolph 剪切位移方法[14]、Chow 混合方法[16]、Shen 的变分方法[30]和桩基础通用分析方法[231]等。

由于 Randolph 的剪切位移方法对于单桩分析有确定的解析表达式[13],不需要编制面向对象的程序即可实现。对于群桩分析,可以通过一系列矩阵相乘和求逆运算即可形成桩基础的刚度矩阵来进行求解[14],从而仅需要建立矩阵类即可方便得实现整个运算,矩阵类的实现可参见文献[272],故在此不再介绍。

3.3.2.1 程序框架

对上述各种桩基础分析方法进行提炼和数据抽象,将群桩分析设计为一个类,群桩中每根桩宜单独设计为一个类。这两个类作为特定分析方法中群桩类的基类和单桩类的基类。各类之间的层次关系见图 3-8。

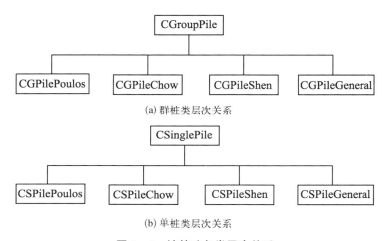

(a) 群桩类层次关系

(b) 单桩类层次关系

图 3-8 桩基础各类层次关系

群桩类的基类名称为 CGroupPile,单桩类的基类名称为 CSinglePile。不同分析方法对应的类的类名中含有该方法的名字,如 Poulos 分析方法中对应的群桩类为 CGPilePoulos。群桩基类和单桩基类的类设计分别如图 F-1 和图 F-2 所示(见附录 A,下同)。群桩中各桩以单桩基类指针采用组合的形式包含到群桩基类中,采用了基类指针调用继承类对象的方式。

群桩基类成员变量中的分析类型包括刚性板高承台和柔性板高承台两种基础类型;当为刚性板时外荷载和沉降均为单值,当为柔性板时外荷载和沉降应当是数组形式;通过成员函数,可求得基础的位移并将计算结果写入文件中。

单桩基类成员变量包括桩的几何尺寸、物理力学参数和土体的计算参数等。

3.3.2.2　Poulos 方法的实现

Poulos 方法[8]的桩基础分析包括单桩分析和群桩分析两部分。单桩分析采用 Mindlin 基本解和沿桩土边界面进行积分方法求解。群桩分析采用相互作用系数方法来进行简化处理。Poulos 方法的面向对象分析中，可抽象成了 4 个类，分别为 CGPilePoulos 类、CSPilePoulos 类、CPileEle 类和 CSoilEle 类。各类之间采用组合方式，即 CGPilePoulos 类成员变量包含 CSPilePoulos 类对象；CSPilePoulos 类成员包含 CPileEle 类和 CSoilEle 类对象。各类的成员变量和成员函数组成分别见图 F - 3 - 图 F - 6。

CGPilePoulos 类（见图 F - 3）是为采用 Poulos 方法进行群桩分析建立的类，他是 CGroupPile 类（见图 F - 1）的继承类。CSPilePoulos 类（见图 F - 4）是为单桩分析建立的类，他是 CSinglePile 类（见图 F - 2）的子类。该类包含桩单元和土单元两类的对象数组。同时，单桩类中包含该桩对其他桩的相互作用系数数组，成员函数 CalIntreaction(void)用来实现此功能。该类可以分析给定荷载下的单桩中桩土体的侧摩阻力和位移分布。

CPileEle 类（见图 F - 5）是为单桩中各桩单元建立的类。包括该单元对应的桩身刚度系数矩阵中的系数数组，并可以通过 CalStiffCoeff(void) 成员函数求得。函数 CalComForce(void) 用来求得桩身的轴力大小。

CSoilEle 类（见图 F - 6）是为单桩中各土体单元建立的类。桩土体界面上侧摩阻力和位移包含在土体单元中，该类还包含该单元对该桩其他单元相互作用的柔度系数矩阵，函数 CalSoilInterac(void)用来求得矩阵中各值。成员函数 ModifySoilInterac(void)根据压缩层厚度来修正相互作用柔度系数矩阵中各值。

3.3.2.3 Chow 混合方法的实现

Chow 混合分析方法[25]将各桩划分为单元,群桩的相互作用通过结点处的 Mindlin 点与点之间的相互作用来分析,自身的柔度系数采用 Randolph 剪切位移方法分析,不考虑同一单桩上各结点之间的相互作用。该方法的面向对象分析中,抽象成了四个类,分别为 CGPileChow 类、CSPileChow 类、CElement 类和 CNode 类,各类之间采用组合方式,即 CGPileChow 类成员变量包含 CSPileChow 类对象,CSPileChow 类成员包含 CElement 类对象和 CNode 类对象。各类的成员变量和成员函数组成分别如图 F - 7—图 F - 10 所示。

CGPileChow 类(见图 F - 7)为采用 Chow 变分方法进行群桩分析建立的类,他是 CGroupPile 类(见图 F - 1)的继承类。该类具有求群桩柔度系数矩阵的函数 FormFlexiMatrix(void),叠加桩身刚度矩阵的函数 AssemblePLineStiff(void)。其他函数为重载的基类成员函数。CSPileChow 类(见图 F - 8)为单桩分析建立的类,他是 CSinglePile 类(见图 F - 2)的继承类,该类包含桩单元类和结点类的对象数组。

CElement 类(见图 F - 9)为桩身单元建立的类,包含单元结点号数组和桩身刚度矩阵数组,成员函数 CalPileEleStiff(void)可以求得该值。CNode 类(见图 F - 10)为结点类,包括每个结点的坐标,该结点与其他桩各结点的柔度系数数组和自身的柔度系数,其成员函数 CalFlexiCoeff(void)和 CalDiscrCoeff(void)分别用来求得这些柔度系数。

3.3.2.4 Shen 变分方法的实现

Shen 变分桩基础分析方法[30]是采用最小势能原理和变分原理对桩基础进行分析,该方法的优点是不需要划分桩土体单元。由于无需桩土体单元,所以该方法的面向对象分析中,仅包含群桩类 CGPileShen 类和单桩类 CSPileShen 类,无单元类或结点类。

群桩类 CGPileShen 类(见图 F - 11)是 CGroupPile 类(见图 F - 1)的派生类,包含有单桩类对象组成的数组。其成员函数主要是形成桩身,桩侧和桩端对应的刚度系数矩阵。

单桩类 CSPileShen 类(见图 F - 12)是 CSinglePile 类(见图 F - 2)的派生类,该类的成员函数多为二维矩阵,矩阵元素数为 $k \times k$,k 为待定整型变量,具体确定方式可参见文献[30],其成员函数可用来确定对应矩阵中元素值。

由此可见该方法的实现是非常简单的,这也是本方法的优势之一。

3.3.2.5　桩基础通用分析方法的实现

桩基础通用分析方法[231]是采用多项式有限项级数表达式来反映桩侧剪应力分布的规律,该方法无需划分桩土体单元,且能分析任意长度、半径和桩体弹性模量组成的桩基础,应用较为方便,整个分析过程相对较简单。该分析方法仅需要两个类即可以描述,分别是群桩分析类 CGPileGeneral 类和单桩分析类 CSPileGeneral 类。

群桩分析类 CGPileGeneral 类(见图 F - 13)是为实现群桩的通用分析方法设计的,他是 CGroupPile 类(见图 F - 1)的派生类。其成员函数是为得到相应的系数矩阵,通过矩阵运算来求解多项式幂级数的待定系数,进而可以求得桩侧摩阻力和桩端应力大小以及基础的位移。

单桩分析类 CSPileGeneral 类(见图 F - 14)是为实现单桩的通用分析方法设计的,他是 CSinglePile 类(见图 F - 2)的派生类。该类包含桩侧剪应力的待定系数数组,力平衡系数数组和由 CInteNode 类对象组成的数组。其成员函数 CalStressofPile(void)用来确定桩侧摩阻力沿桩身的分布规律。

积分点类 CInteNode 类(见图 F - 15)是针对各单桩中对应的 gauss 积分点设立的一个类,他不同于一般有限元分析时的 gauss 积分点类,其主要成员变量包含其他各桩对该点的相互作用柔度系数数组和该点至桩顶的桩身压缩量系数数组,其对应的成员函数是用来确定数组中的各值。

3.3.2.6 实例验证

文献[226]的均匀土体和土体模量随深度线性增大条件下的 3×3 桩基础分析,其中对应的 Poulos 分析方法、Chow 分析方法、Shen 分析方法均是采用上述面向对象分析方法计算确定的,通过位移的比较证明分析过程是合理的。

文献[231]中等桩长 3×3 桩基础分析、变桩长、变桩径和变模量 5 桩基础的分析是采用面向对象的桩基础通用分析方法实现的。通过侧摩阻力和位移的比较证明面向对象方法是可行的。

3.3.3 桩筏基础的面向对象分析

3.3.3.1 程序框架

桩筏基础分析方法是在桩基础分析方法基础上发展起来的,不免受到这些分析方法的约束和制约。由于 Poulos 群桩分析方法采用相互影响系数方法,因此其桩筏基础分析方法中将桩和其承台作为一个整体进行分析,然后利用相互影响系数方法应用到桩筏基础中[8]。Randolph 的桩基础分析中没有考虑不同深度桩土体的相互作用,因此,其桩筏分析方法将桩基础和地基板分别进行分析,然后通过桩土体系和筏板的相互作用系数来分析桩筏基础[85]。Chow 混合方法利用了点与点之间的相互作用,可以方便得叠加板的刚度进行桩筏基础分析[107-108]。桩基础变分分析方法的相互作用通过积分方式进行考虑,当筏板也采用变分分析时,形成了桩筏基础的变分分析方法[116]。同样在桩基础通用分析方法基础上形成了桩筏基础的通用分析方法[253,273]。

上述桩筏基础分析方法的宏观思路截然不同。若将其抽象到一个大类中,必使得该类过于复杂且其直观性很差,从而失去了面向对象应用的意义。本书建议针对特定的桩筏分析方法形成各自独立的类来进行分析。以下分析以桩筏基础通用分析方法为例进行介绍。

　　桩筏基础面向对象分析的框架如图 3 - 9 所示。刚性板桩筏基础类(CRigidPRGeneral 类)是桩基础分析类(CGPileGeneral 类)的派生类,他在桩基础分析基础上考虑了桩、土和板之间的相互作用。在有限元基类(CFEA)基础上可以派生出薄板类(CThinPlate 类)、厚板类(CThickPlate 类)和厚薄板通用类(CPlateGeneral 类)。在刚性板桩筏基础类和各种有限元板类基础上可以得到他们的子类—桩筏基础分析类(CPRGeneral 类)。

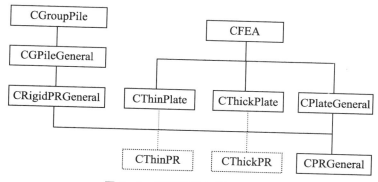

图 3 - 9　桩筏基础各类层次关系

　　图中用虚框表示的类分别是薄板桩筏基础分析类(CThinPR 类)和厚板桩筏基础分析类(CThickPR 类)。他们可在 CRigidPRGeneral 类和对应的薄板类(CThinPlate 类)或厚板类(CThickPlate 类)基础上派生出来。因为厚薄板类既可以实现薄板分析,又可以实现厚板分析,所以本书仅给出桩筏基础通用分析类的实现过程。薄板桩筏基础分析和厚板桩筏基础分析的面向对象实现可以仿照实现。

3.3.3.2　刚性板桩筏基础分析

刚性板桩筏基础分析考虑了桩—土—桩、桩—土—板、板—土—桩和板—

土—板等相互作用,而桩筏基础通用分析方法中仅考虑了桩—土—桩相互作用,运用面向对象分析的思想可以在桩筏基础通用分析类(CGPileGeneral 类)基础上方便地派生出刚性板桩筏基础类(CRigidPRGeneral 类)。

刚性板桩筏基础类(见图 F-16)是为实现刚性板条件下的桩筏基础建立的类,其新增加的成员变量为板土交界面上土体结点的对象数组。该类成员函数中的虚函数,需针对桩筏基础进行设计,但是接口不变。

土结点类(图 F-17)是为反映桩土交接面上土结点的特性设立的类,其成员数据包含土结点分配的面积变量m_SNodeArea,具体原理可参见文献[2],还包括其他土结点对该结点相互作用的柔度系数数组 m_FlexiCoeffSoil 和其他桩对该土结点相互作用的柔度数组 m_FlexiCoeffPile,其成员函数主要是为了确定对应的数组中的各值。

桩基础通用分析类中的积分结点类(图 F-15)仅包含桩—土—桩之间的相互作用,为了包含桩—土—板之间的相互作用,在此类基础上派生了子类 CInteNodePR 类(图 F-28)。该类的成员变量 m_FlexiCoeffSoil 存放土体对桩积分点的相互作用柔度系数,其成员函数 CalFlexiCoeffSoil(void)用来求得该值。

由此可见,刚性板桩筏基础分析中最终的接口仍然和桩基础通用分析类中的接口一致,只是在其基础上继承了内部成员对象的定义和实现,没有改动任何桩基础分析类的成员变量和成员函数,同时实现了刚性板桩筏基础分析,这就是面向对象分析方法的优势之一。

3.3.3.3 厚薄板有限元分析

桩筏基础分析中筏板的分析多采用有限单元方法,厚薄板有限元分析属于有限元方法分析应用中的一个部分,因此厚薄板通用分析类应该从有限元基类派生出来,参见图 3-9。本书为了说明的简便,将有限元基类和厚薄板类集中到一起来描述。

厚薄板有限元通用分析类(CPlateGeneralFEA 类)的定义如图 F - 19 所示。有限元模型中的单元、结点、材料和外荷载均属于该类的成员对象,并通过单独的类来分别描述。其成员函数主要完成有限元分析的基本过程,即求解单元刚度矩阵,形成总刚,将外荷载等效成结点力,求解自由度,后处理将计算结果输出到文件中。

结点类(CPNode 类)的定义如图 F - 20 所示。该类主要包括结点号码、结点的坐标、自由度数组、结点力数组、约束标识、约束值大小、弯矩值(M_x,M_y,M_{xy})和剪力值(τ_{yz},τ_{xz})。

单元类(CPElement 类)的定义如图 F - 21 所示。该类包含单元结点类对象数组、单元各边的表示号码、各边的长度变量、高斯积分点坐标数组和形函数类对象数组等。其成员函数功能主要是完成弯曲刚度矩阵,剪切刚度矩阵的计算,其中包含高斯积分计算过程,根据自由度求解高斯点的弯矩剪力值等。

外荷载类(CForce 类)的定义如图 F - 22 所示。其中 FTYPE 类型定义为 enum FTYPE{PointF=1,SurfaceF,LineF},分别表示集中力荷载,面荷载和线荷载。

材料属性类(CMaterial 类)的定义如图 F - 23 所示。

形函数类(CShapeFunc 类)的定义如图 F - 24 所示。其成员函数功能主要是求得形函数对局部坐标和整体的坐标的偏导数,包括雅可比矩阵中各值。

3.3.3.4　桩筏基础分析

桩筏基础分析是在刚性板桩筏基础分析基础上叠加了厚薄板的分析。因此,桩筏基础分析类应该是刚性板桩筏基础分析类(CRigidPRGeneral 类)和厚薄板类(CPlateGeneralFEA 类)的两个类的派生类,继承关系参见图 3 - 9。桩筏基础分析类的定义如图 F - 25 所示。

桩筏基础分析类（CPRGeneral 类）所有成员变量均继承于其两个父类,其成员函数主要分为两类,第一类的功能是实现从板单元获取土结点的坐标和其分配的面积;第二类的功能是将桩土体系形成的刚度矩阵以二进制形式写入文件,然后叠加厚薄板类的刚度矩阵,以形成桩筏基础的总刚度矩阵。

当板的位移求得后,根据厚薄板类的成员函数可以求得弯矩和剪力分布,根据刚性板桩筏基础分析类成员函数可以求得桩和土承担的荷载大小,板底压力分布规律,桩身侧摩阻力的分布规律等结果。

由此可见,运用面向对象方法可以方便地由刚性板桩筏基础分析类和厚薄板类构造桩筏基础类,且不需要修改以前的任何程序代码。

3.3.3.5　实例验证

文献[253]中的均匀土体中 2 桩和 4 桩等桩长的桩筏基础分析,均匀土体和非均匀土体中 5 桩不等桩长的桩筏基础分析均是在刚性板条件下进行的桩筏基础分析,该分析采用面向对象的刚性板桩筏基础分析类实现的。

文献[273]中的均匀土体中 3×3 和 3×5 等桩长的桩筏基础分析,不均匀土体中变桩长的 3×3 桩筏基础分析是采用桩筏基础通用分析类实现的。

通过与其他各种分析方法的结果比较,证明面向对象方法分析桩筏基础是可行的。

3.3.4　说明与结论

3.3.4.1　说明

（1）桩土体系和筏板的分析均基于线弹性分析不涉及非线性分析,荷载均为竖向荷载,不均匀土体指土体模量随深度线性变化但不包含成层土。

（2）类的继承关系中，所有类均是公有继承。

（3）为了说明的方便，所有成员函数和成员变量均设为公有类型，实际中可添加获取成员变量的函数使得成员变量变为私有型或保护型，增加程序的安全性。

（4）大量的私有型成员函数作为中间服务型函数，并没有在类中列出。

（5）程序中所有的矩阵运算均采用 CMatrix 矩阵类来实现。

（6）该程序的类设计中仅限于数值分析方面，尚需添加网格划分功能和可视化功能。

3.3.4.2　结论

本书给出了桩基础和桩筏基础分析的面向对象实现过程。在单桩类和群桩基类基础上可以派生出 Poulos 桩基础分析方法、Chow 混合分析方法、Shen 变分分析方法和桩基础通用分析方法等不同的类。在桩基础分析类基础上可以进一步派生刚性板桩筏基础类，在该类和厚薄板有限元分析类基础上可以得到二者的子类桩筏基础类。整个实现的过程证明采用面向对象方法分析桩基础和桩筏基础比传统的面向过程方法具有无可比拟的优势。实例验证的结果表明面向对象方法分析桩基础和桩筏基础是合理可行的。

第4章

控制差异沉降的桩筏基础优化分析

4.1 控制差异沉降的桩筏基础桩长优化分析方法

4.1.1 前言

　　传统的桩基础和桩筏基础中各桩具有相同的长度,随着对桩基础认识的深入,相继在工程中出现了不等桩长的基础实例,如德国法兰克福的Messe Turm Tower[106]。桩基础发展至今已包括长短桩复合地基[274]和长短桩桩基础等基础类型[275]。以前桩基础的桩长优化仅针对等桩长情形,优化得出的最优桩长为一个变量。而对于不同桩长组成的桩基础和桩筏基础的桩长优化尚未涉及,此时,桩基础为一个多变量优化问题。

　　桩基础和桩筏基础优化不仅要满足沉降的要求,还要满足承载力方面的要求。Poulos(2001)指出当表层附近的土层由相对较硬土体或密实砂土组成时,地基土可以提供全部或大部分承载力。此时,基础设计的重点是控制差异沉降和整体沉降[106]。Randolph认为桩筏基础中桩可以发挥大部分或者全部承载力,而整个基础工作性状仍然良好[85]。本书的优化前提是存在Poulos所述的土层条件,从而可以免去考虑承载力方面的要求。对于其他不良地层条件下的桩基础或桩筏基础优化需添加承载力约束条件。

　　本书将竖向荷载作用下的桩基础通用分析方法[231]和桩筏基础通用分析方法[273]与改进的遗传算法[177-178]相结合,提出了以差异沉降最小为目标函数的桩长优化分析模型和方法。然后针对不同荷载类型下,不同筏板筏板特性,不同土体特性和不同桩体特性下的桩筏基础桩长优化问题进行了参量分析。

4.1.2　桩长优化分析模型

4.1.2.1　桩基础分析模型

　　桩基础中桩长优化分析的前提是存在一个能够如实反映桩基础受荷和变形性状的分析模型。由于基础中各桩长度可以不同,因此,传统的一些桩基础分析方法受此限制将不能作为桩长优化分析的工具。而将群桩中桩侧摩阻力用幂级数有限项级数的形式来表达(或采用双曲余弦形式),通过位移协调关系,力的平衡方程和物理方程可以得出联系桩基础桩顶荷载和桩顶位移的刚度矩阵,还可以求得群桩中任意单桩任意深度处的侧摩阻力。

　　桩侧摩阻力函数见式(4-1)。[273]

$$\tau_i(z) = \sum_{j=1}^{k} \alpha_{ij}(L_i - z)^{j-1} \qquad (4-1)$$

式中,$\tau_i(z)$ 为第 i 桩深度 z 处的侧摩阻力,$i = 1, 2, \cdots, np$,np 为群桩中总桩数;α_{ij} 为待定系数;k 为待定整型变量;L_i 为第 i 桩桩长。

4.1.2.2　桩筏基础分析模型

　　桩筏基础分析的关键是能够合理考虑 4 种相互作用,分别为桩—土—桩、板—土—桩、桩—土—板和板—土—板相互作用,前两种相互作用分析采用 Mindlin 基本解进行,后两种相互作用采用 Boussinesq 基本解计算。

　　桩筏基础分析的另一个关键是选择合理的板分析模型。单独采用薄板理论或厚板理论分析任意桩筏基础是不严谨的。因此,采用厚薄板通用分析方法分析桩筏基础是必要的。基于 Timoshenko 厚梁理论和 Mindlin 板单元采用转角场和剪应变场进行合理插值的方式,可以形成厚薄板通用有限元分析模型[251-252]。

基于上述桩基础分析模型和厚薄板通用分析方法,可以得出包含任意桩长、任意筏板厚度和任意筏板几何形状的桩筏基础刚度表达式[273](式(4-2))。

$$[k_{\mathrm{ps}}]_{(np+ns)\times(np+ns)}[w_{\mathrm{t}}]_{(np+ns)\times 1} = [p_{\mathrm{t}}]_{(np+ns)\times 1} \qquad (4-2)$$

式中,$[k_{\mathrm{ps}}]$ 为桩土体系的刚度矩阵;$[w_{\mathrm{t}}]$ 为桩土体系的顶部位移列阵;$[p_{\mathrm{t}}]$ 为桩土体系的顶部荷载列阵;ns 为桩筏基础中筏板下土节点的总数;np 为群桩中总桩数。

4.1.2.3　优化方法

随着计算机软硬件水平的提高和计算智能技术的发展,作为仿生过程学的遗传算法在优化分析领域得到了越来越多的应用。遗传算法是一种自适应全局最优化概率搜索算法,具有较强鲁棒性,隐含并行性和全局搜索特性,且不用求目标函数的梯度和海森矩阵(Hassein matrix),对于一些大型的复杂非线性系统表现出了比其他传统优化方法更加独特和优越的性能。

遗传算法也在逐步发展,借鉴了遗传策略(genetic strategy)的一些方法,并与之相互渗透。现在的遗传算法与遗传算法最初的形式(Simple Genetic Algorithms)已截然不同。遗传算法分析的关键包括适应度函数的确定,遗传操作时选择的方法和遗传算子的设计。

1. 适应度函数的确定

适应度函数的选取至关重要,适应度函数设计不当会产生遗传算法中的欺骗问题。为了解决上述问题一般都需要对适应度函数进行尺度变换。

但采用基于排序的适应度分配方法可克服这种尺度问题，采用线性排序，个体适应度为[167]

$$Fit(P_{os}) = 2 - SP + \frac{2(SP-1)(P_{os}-1)}{N-1} \quad SP \in [1.0, 2.0]$$

$$(4-3)$$

式中，$Fit(P_{os})$ 为个体适应度大小；N 为种群大小；P_{os} 为个体在种群中的序位；SP 为选择压力。

2. 选择方法

针对特定的遗传操作算子，采用轮盘赌选择方法和随机遍历抽样法进行选择，分析中采用 Michalewicz 基于线性排序的选择概率计算公式[177]式（4-4）计算。

$$p_i = c(1-c)^{i-1} \qquad (4-4)$$

式中，i 为个体排序的序号；c 为排序第一的个体的选择概率。

3. 遗传算子

遗传算法中遗传操作包括基因重组（杂交或交叉）和变异。针对不同的问题可以设计不同的遗传操作算子。分析中采用 Michalewicz 定义的 7 个遗传算子[178]。

（1）单变量均匀变异算子

对于种群中的某个个体，随机选择该个体中某个变量，以选中变量取值区间内的任意值来取代其当前值。

（2）全变量均匀变异算子

对于种群中的某个个体，依次对其包含的所有变量，以选中变量取值区间内的任意值来取代其当前值。

（3）边界变异算子

对于种群中的某个个体，随机选择该个体中某个变量，以选中变量取值区间的左值或右值来取代其当前值。

（4）非均匀变异算子

对于种群中的某个个体，随机选择该个体中某个变量，该变量变异前后的值存在如下关系，

$$x' = \begin{cases} x + \Delta(t, right - x) & flip() = 0 \\ x - \Delta(t, x - left) & flip() = 1 \end{cases} \qquad (4-5)$$

式中，x' 为变量变异后的值；x 为变量变异前的原值；t 为进化的当前代数；$right$ 为变量取值区间的右值；$left$ 为变量取值区间的左值；$flip()$ 为随机产生 0 值或 1 值的函数；$\Delta(t, y)$ 为函数值在 $[0, y]$ 的函数，$\Delta(t, y)$ 见式（4-6）。

$$\Delta(t, y) = yr \left(1 - \frac{t}{T} \right)^b \qquad (4-6)$$

式中，r 为区间 $[0，1]$ 的随机数；T 为最大进化代数；b 为确定非均匀度的系统参数。

（5）算术杂交算子

种群中的两个个体进行算术杂交，杂交前后存在如下关系，

$$\begin{aligned} x_1' &= \alpha x_1 + (1 - \alpha)x_2 \\ x_2' &= \alpha x_2 + (1 - \alpha)x_1 \end{aligned} \qquad (4-7)$$

式中，x_1' 和 x_2' 为杂交后的两个个体；x_1 和 x_2 为杂交前的两个个体；α 为 $[0，1]$ 之间的随机数。

（6）简单杂交算子

对于 q 个变量组成的个体，参与杂交运算的两个个体分别为 $x_1 = (x_1，x_2，\cdots，x_q)$ 和 $x_2 = (y_1，y_2，\cdots，y_q)$，若在第 $k(1 \leqslant k \leqslant q)$ 个变量处杂交，产生如下的两个后代，

$$x'_1 = x_1,\ x_2,\ \cdots,\ x_k,\ y_{k+1}\alpha + x_{k+1}(1-\alpha),\ \cdots,\ y_q\alpha + x_q(1-\alpha)$$

$$x'_2 = y_1,\ y_2,\ \cdots,\ y_k,\ x_{k+1}\alpha + y_{k+1}(1-\alpha),\ \cdots,\ x_q\alpha + y_q(1-\alpha)$$

$$(4-8)$$

式中，x'_1 和 x'_2 为杂交后产生的新个体；α 为 $[0,1]$ 区间控制新个体在可行域内且可获得最大可能信息交换的一个可变参量。

（7）启发式杂交算子

针对群体中两个个体 x_1 和 x_2，其中 x_2 不比 x_1 差，即对求最大值问题，$f(x_2) \geqslant f(x_1)$；对最小值问题，$f(x_2) \leqslant f(x_1)$。通过启发式杂交后产生如下个体，

$$x_3 = r(x_2 - x_1) + x_2 \qquad (4-9)$$

式中，x_3 为杂交后产生的新个体；r 为 $[0,1]$ 区间的一个随机数。

4.1.2.4　优化分析模型

传统的桩筏基础优化一般将基础的总造价作为目标函数。本书从另一个方面来描述这一问题。给定基础的总造价如何布置各桩的桩长以使得基础的差异沉降最小，也即如何最充分的利用工程投资，其对应的方案也就是总造价最省的方案。对桩筏基础进行桩长的单变量优化时，基础的总造价一定可以看作基础中桩长的总长度一定。从而可以得到如下的优化分析模型，

$$\underset{\chi^p}{Minimize}\,\Pi = \int_A \parallel \nabla\omega \parallel^2 \mathrm{d}A \qquad (4-10)$$

$$\text{Subject to} \quad a_i \leqslant x_i \leqslant b_i,\ i=1,\ 2,\ \cdots,\ np$$

$$\sum_{i=1}^{np} x_i = L_p$$

式中，Π 为目标函数；$\chi^p = (x_1,\ x_2,\ \cdots,\ x_{np})^\mathrm{T}$，为各桩长变量组成的优化向量；$A$ 为桩筏基础中筏板的面积；ω 代表筏板弯曲曲面的横向位移；∇ 为

二维坐标的梯度运算算子；a_i 和 $b_i (i=1, 2, \cdots, np)$ 为优化变量分布区间的上下限；L_p 为基础中的总桩长；np 为基础中总桩数。

为了更方便地计算 $\nabla \omega$ 值，取离散的计算点，采用式(4-11)计算，

$$\nabla \omega(i) = \max \left(\frac{|disp(i) - disp(j)|}{dist(i, j)} \right) \qquad (4-11)$$

$$i = 1, 2, \cdots, np; \; j = 1, 2, \cdots, np$$

式中，i 代表第 i 计算点；$disp(i)$ 表示第 i 个计算点处的沉降；$dist(i, j)$ 表示计算点 i 和计算点 j 的距离；np 为离散点总数。

桩筏基础中筏板采用有限元分析，其网格大小相近，公式(4-10)可以转化为式(4-12)表示。

$$\underset{\chi^p}{Minimize} \, \Pi = \sqrt{\frac{1}{npoint-1} \sum_{i=1}^{npoint} (disp(i) - \bar{\xi})^2} \qquad (4-12)$$

$$\bar{\xi} = \frac{1}{npoint} \sum_{i=1}^{npoint} disp(i)$$

式中，np 为筏板中有限元节点总数，其他符号意义同前。

4.1.2.5 优化分析过程

采用遗传算法结合桩基础通用分析方法或者桩筏基础通用分析方法进行桩基础或桩筏基础中桩长的优化分析，其步骤包括以下几步。

(1) 选定某一大小的总桩长；

(2) 根据初始化种群的方式，生成单一化或者随机化的初始种群；

(3) 采用公式(4-1)或(4-2)对种群中每一个个体进行分析，根据公式(4-10)和(4-11)或式(4-12)得出对应的适应度大小；

(4) 将种群个体根据适应度大小排序，此时按照降序排列；

(5) 对种群中所有个体进行遗传算子操作，包括 7 种不同的操作；

（6）重新评价种群生成新个体的适应度，并按降序重新排列；

（7）重复步骤 5 和步骤 6，直至满足算法终止条件；

（8）重新选定一新的总桩长，重复步骤 1-步骤 7。

进化的终止条件可以采用最大进化代数，或采用以下适应度判别标准，

$$\frac{\Delta Fit_i}{Fit_0} \leqslant \varepsilon, (i = 1, 2, \cdots, N_G) \tag{4-13}$$

式中，ΔFit_i 为第 i 代和第 $i-1$ 代种群中最优个体适应度的差值；Fit_0 为初始种群种最优个体的适应度；ε 为误差标准，可采用 10^{-3} 或 10^{-4}；N_G 为进化的当前代数。

通过上述 8 个步骤，可以得出基于差异沉降最小条件下不同的总桩长对应的基础平均沉降和差异沉降大小，如图 1 所示。基础的平均沉降随总桩长增加而减小，当桩长超过某一限度后趋近于某一定值，而差异沉降（沉降最大值与最小值的差）基本上呈波浪状分布，整条曲线接近

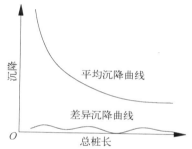

图 4 - 1　总桩长与沉降关系示意图

于 0 值。由图 4 - 1 可知，只要根据平均沉降的要求选择对应的总桩长，该总桩长下基础的差异沉降基本上同时可满足要求。若此时差异沉降不满足要求，应通过调整基础的布桩数目、布桩位置[276]和筏板厚度来调整，通过调整桩长已无作用。

4.1.3　桩长优化中的参量分析

4.1.3.1　桩基础优化分析

为了演示桩基础桩长优化的过程，以均匀土体中由 3×3 柔性高承台群桩为例进行说明。土体、桩和外荷载特性见表 4 - 1，桩位布置见图 4 - 2。优化过程中桩长取值的上下限分别为 40 m 和 5 m，种群数为 120，最大进

化代数控制为 150。

表 4-1 3×3 桩基础计算参量表

	土	桩	外荷载
弹性模量/MPa	3.0	20 000	每根桩桩顶均为 1 MN
泊松比	0.5	/	

将传统的等桩长桩基础和优化后的桩基础进行了比较,随总桩长的变化,两基础的平均沉降和差异沉降结果分别如图 4-3 和图 4-4 所示。由图 4-3 可知,基础桩长优化前后其平均沉降差别较小,优化后的平均沉降略小于等桩长基础的沉降。由图 4-4 可知,优化后基础的差异沉降在 0 值附近,而等桩长基础的差异沉降相比大得多。

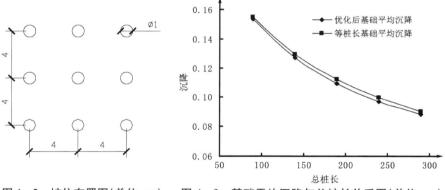

图 4-2 桩位布置图(单位: m)   图 4-3 基础平均沉降与总桩长关系图(单位: m)

当要求基础的沉降不大于 10 cm 时,由图 4-3 可得,此时对应的总桩长约为 220 m,采用桩长优化分析模型可得出此时各桩的桩长见图 4-5(a),对应的各桩沉降大小见图 4-5(b)。由于优化后的桩长保留了小数位,需将其化为 0.5 的整数倍,图 4-5 中的桩长是经过如此处理后的结果。由于化为 0.5 的整数倍存在舍入误差,实际总桩长为 219 m。对应的最大差异沉降为 0.3 mm。而传统的等桩长基础的沉降见图 4-5(c),最大差异沉降为

16 mm。优化过程中适应度与进化代数的关系曲线如图 4 - 6 所示,整个计算收敛很快,经过 30 代运算即可达到较高的精度。

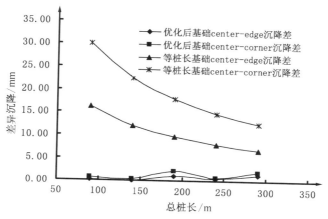

图 4 - 4　基础差异沉降与总桩长关系图

⑳	26.5	⑳	0.10198	0.10201	0.10198	0.09960	0.10700	0.09960
26.5	㉝	26.5	0.10201	0.10230	0.10201	0.10700	0.11556	0.10700
⑳	26.5	⑳	0.10198	0.10201	0.10198	0.09960	0.10700	0.09960

(a) 最优桩长　　　　　　(b) 优化后基础沉降　　　　　　(c) 等桩长基础沉降

图 4 - 5　优化结果比较(单位: m)

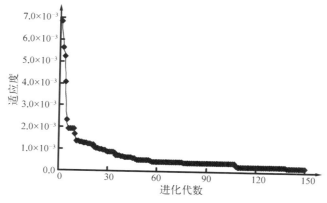

图 4 - 6　适应度随进化代数变化曲线

4.1.3.2 桩筏基础的优化分析

为了演示桩筏基础桩长优化的过程,以均匀土体中由 3×3 群桩组成的桩筏基础为例进行说明。土体、桩、筏板和外荷载等参量特性见表 4-2,桩筏基础平面布置见图 4-7。优化过程中桩长取值的上下限分别为 40 m 和 5 m,种群数为 120,最大进化代数控制为 150。

表 4-2 3×3 桩筏基础计算参量表

计算参数	土 体	桩	筏 板
弹性模量/MPa	20	30 000	30 000
泊松比	0.3	/	0.2
几何尺寸	厚度 100 m	半径 0.50 m	厚度 0.5 m
外荷载	均匀分布面荷载,大小 1.0 MPa		

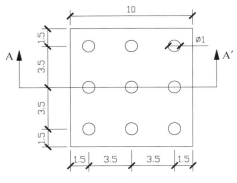

图 4-7 桩筏基础平面图(单位: m)

将传统的等桩长桩筏基础和优化后的桩筏基础进行了比较,随总桩长的变化,两基础的平均沉降和差异沉降分别如图 4-8 和图 4-9 所示。由图 4-8 可知,基础桩长优化前后其平均沉降差别较小,优化后的平均沉降略小于等桩长基础的沉降。不论是等桩长基础还是经过桩长优化后的基础,其平均沉降都随基础总桩长的增加而减小。由图 4-9 可知,优化后基础的差异沉降很小,而等桩长基础的差异沉降相比大得多。等桩长基础的差异沉降随总桩长增加而减小,而经过优化后基础差异沉降的变化不取决于总桩长,而是一个接近于 0 值的随机误差变量。

等桩长的桩筏基础中,最大轴力桩为角桩,最小轴力桩为中心桩;优化后,最大轴力桩为中心桩,最小轴力桩为角桩。随总桩长变化基础中各桩最

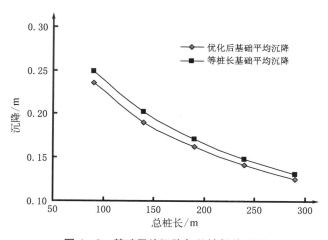

图 4－8　基础平均沉降与总桩长关系图

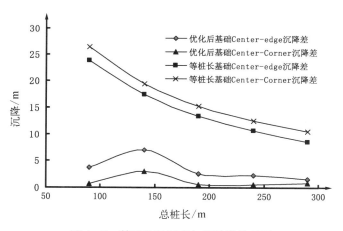

图 4－9　基础差异沉降与总桩长关系图

大轴力与最小轴力比值系数的变化见图 4－10(a)。桩长优化后的基础由于各桩长度分布变化较大,桩顶最大轴力和最小轴力的比值随总桩长不同而变化较大,等桩长基础桩顶最大轴力和最小轴力的比值随总桩长增加而减小,但变化较平缓。随总桩长变化,等桩长桩筏基础和优化后桩筏基础的筏板分担总荷载的比例变化如图 4－10(b)所示,当总桩长增加,筏板分担的荷载减小,相同总桩长条件下,优化后基础筏板分担的荷载略大于等桩长基础。

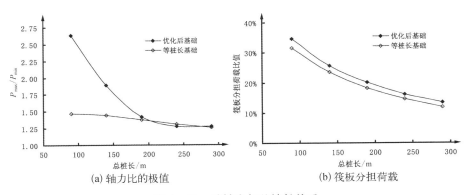

(a) 轴力比的极值　　　　　　　　(b) 筏板分担荷载

图 4 - 10　桩轴力与总桩长关系

当要求基础的沉降不大于 15 cm 时,由图 4 - 8 可得,此时对应的总桩长约为 220 m,采用桩长优化分析模型可得出此时各桩的桩长见图 4 - 11。由于优化后的桩长保留了小数位,需将其化为整数。图 4 - 11 中的桩长是经过如此处理后的结果。由于化为整数存在舍入误差,此时总桩长为 218 m。优化过程中适应度与进化代数的关系曲线如图 4 - 12 所示。

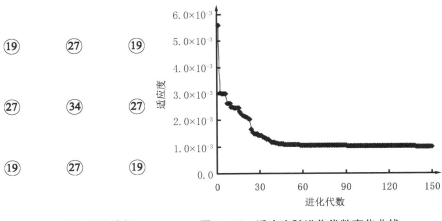

图 4 - 11　优化后的桩长
　　　　　　（单位：m）

图 4 - 12　适应度随进化代数变化曲线

基础板的沉降等值线如图 4 - 13 所示。以 A - A′剖面（图 4 - 7）为代表,优化前后基础的沉降,弯矩和剪力比较分别参见图 4 - 14 - 图

4-16。由图 4-13 和图 4-14 可知,优化后基础的差异沉降明显减小,基础的平均沉降也减小。由于优化后基础 A-A′剖面中各桩长度增加,对应桩顶处筏板的弯矩优化后比不优化时要大,但是优化后基础土体上筏板的弯矩相比要小,可参见图 4-15。由图 4-16 可知,优化后筏板的剪力比等桩长基础略大。

　　由此可见,桩长优化后的桩筏基础,虽然基础的平均沉降和差异沉降减小,但桩顶处筏板的弯矩增大,剪力也略有增加。所以桩长优化应该是

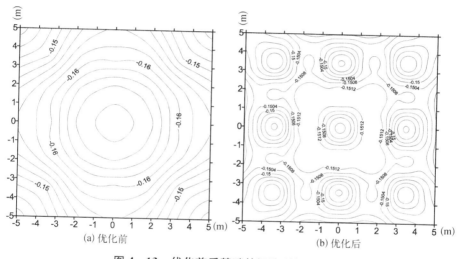

图 4-13　优化前后基础的沉降(单位:mm)

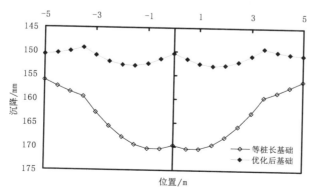

图 4-14　剖面 A-A′沉降

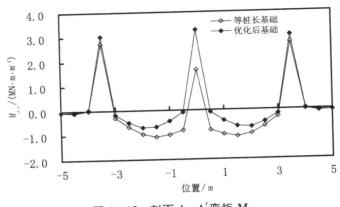

图 4 - 15　剖面 A - A′弯矩 M_{xx}

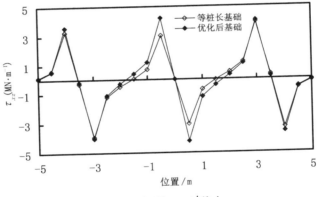

图 4 - 16　剖面 A - A′剪力 τ_{xz}

桩筏基础优化的一个组成部分,单独进行桩长优化并不能取得基础优化的最优结果,应结合其他的优化方式,如优化桩位等。

4.1.3.3　不同荷载类型下的分析

针对图 4 - 17 所示的 4×4 桩筏基础,分析了其在线性分布线荷载和集中力荷载作用下基础的桩长优化问题。土层、桩和筏板的计算参数见表 4 - 3。优化中种群大小为 100,最大进化代数为 150,桩长的取值范围控制在 70 m 和 0 m 之间,基础的总桩长一定,大小为 400 m。由图 4 - 17 可知,线荷载和集中力荷载的合力二者相等,经过优化,两种荷载类型下基础的桩长分布相同,如图 4 - 18 所示,优化后角桩长度为 0 表示此处不设置桩。优化后集中力荷载作用下基础的沉降等值线如图 4 - 19(a)所示,与之相对比,等桩长基础的沉降等值线如图4 - 19(b)所示。线荷载作用下基础优化前后的沉降比较见图 4 - 20。优化后不仅基础的平均沉降减小了,而且差异沉降从优化前的0.02 m 减小到 0.01 m。优化后基础沉降仅减少一倍的原因是限制了中心桩的长度,即优化后中心桩长度达到了其上限值 70 m。

表 4 - 3 不同荷载类型下桩筏基础计算参量表

计算参数	土 体	桩	筏 板
弹性模量/MPa	50	20 000	30 000
泊松比	0.3	/	0.2
几何尺寸	厚度 100 m	半径 0.50 m	厚度 1.5 m
外荷载	若为线性分布荷载,大小 10 MN/m;若为集中力荷载,大小为 30 MN		

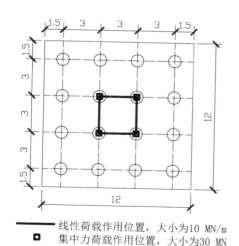

—— 线性荷载作用位置,大小为10 MN/m
■ 集中力荷载作用位置,大小为30 MN

图 4 - 17 不同荷载类型下桩筏基础平面图(单位: m)

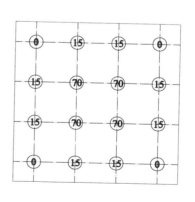

图 4 - 18 优化后的桩长(单位: m)

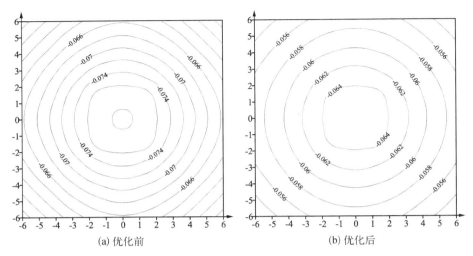

(a) 优化前　　　　　　　　　　　(b) 优化后

图 4‑19　集中力荷载下优化前后基础的沉降(单位: m)

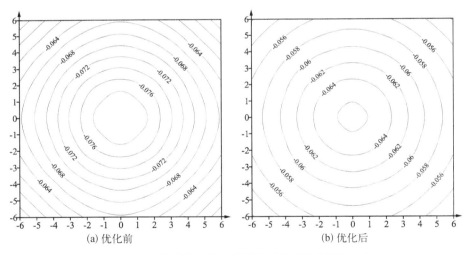

(a) 优化前　　　　　　　　　　　(b) 优化后

图 4‑20　线荷载下优化前后基础的沉降(单位: m)

4.1.3.4　筏板特性的影响

1. 不同筏板厚度下的分析

针对图 4‑7 所示的桩筏基础,计算参数见表 4‑2。在不同的筏板厚度条件下进行桩筏基础的桩长优化,结果见表 4‑4。表中所示桩长为未经过化整处理的结果,随着筏板厚度增加,最优的角桩长度略有增加,边桩长度减小,中心桩长度增大,但变化幅度很小。由此可得出,不论是薄板还是厚板组成的桩筏基础,其对最优桩长的大小影响甚微。

表 4 - 4　不同筏板厚度下桩筏基础的最优桩长(单位:m)

筏板厚度	角　桩	边　桩	中心桩
0.5	18.67	27.77	34.24
1.0	18.83	27.52	34.56
1.5	18.83	27.49	34.69
2.0	18.81	27.47	34.84

2. 不同筏板形状下的分析

随着对建筑物使用功能和外观效果等各方面要求的提高,基础的形状不再局限于规则的方形或圆形基础。下面以基础中较常用的"L"形基础为例,来说明不规则筏板条件下桩筏基础的桩长优化。

桩筏基础的桩位和筏板外形如图 4 - 21 所示,计算参量见表 4 - 5。优化过程中桩长取值的上下限分别为 30 m 和 10 m,总桩长为 240 m,种群数为 120,最大进化代数控制为 150。优化后的桩长如图 4 - 22 所示,等桩长条件和优化后基础的沉降等值线如图 4 - 23 所示,由图比较可知等桩长基础的差异沉降为 2.6 mm,而优化后基础的差异沉降仅为 0.2 mm,优化后

表 4 - 5　"L"形桩筏基础计算参量表

计算参数	土　体	桩	筏　板
弹性模量/MPa	10	20 000	30 000
泊松比	0.3	/	0.2
几何尺寸	厚度 50 m	半径 0.50 m	厚度 1.0 m
外荷载	均匀分布面荷载,大小 100 kPa		

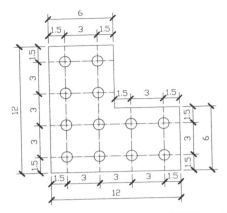

图 4 - 21 "L"形桩筏基础平面图(单位: m)

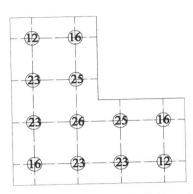

图 4 - 22 优化后的桩长(单位: m)

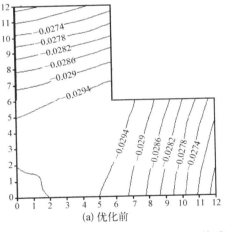

(a) 优化前

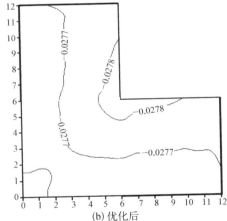

(b) 优化后

图 4 - 23 优化前后基础的沉降(单位: m)

差异沉降接近于 0 值。同时优化前后基础沉降分布形式也不同,优化前为中间大边缘小的碟形沉降,优化后基础沉降大部分相同仅在边缘处略有变化。

4.1.3.5 土体特性的影响

1. 不同土体模量下的分析

针对图 4 - 7 所示的桩筏基础,计算参数见表 4 - 2。当土体的模量发生变化时,桩筏基础桩长优化得到的最优桩长见表4-6。优化中除了桩长取值范围设为0—60 m外,其他优化参数设置不变。为了更明显地表示随土体模量变化最优桩长的变化趋势,表中数据没有进行化整修正。由表4-6可知,当土体模量增大时,角桩长度减小,中心桩长度增大,边桩变化趋势不明显。从变化的量值上,中心桩变化率最大,角桩次之,边桩最小。

表4-6 不同土体模量下桩筏基础的最优桩长(单位: m)

土体弹性模量/MPa	角 桩	边 桩	中心桩
1	19.8	27.1	32.5
10	19.3	27.4	33.2
60	14.7	26.5	55.0
100	10.0	30.5	57.8

2. 不均匀土体下的分析

为了反映不均匀土体下桩筏基础最优桩长的分布规律和相对均匀土体中最优桩长的变化情况,采用图4-7所示的桩筏基础,计算参数见表4-2。当前情况下表4-2中土体模量为土体表层模量,当土体模量随深度线性变化时(设最大变化深度为60 m),桩筏基础桩长优化得到的最优桩长见表4-7。表中数据为经过化整处理后的数据。优化中除了桩长取值范围设为0—60 m外,其他优化参数设置不变。由表4-7可见,当土体下部土层模量增大,最优桩长结果中角桩长度增大,边桩和中心桩长

表4-7 非均匀土中桩筏基础的最优桩长(单位: m)

土体模量增大率/(MPa·m⁻¹)	角 桩	边 桩	中心桩
0	19	28	34
1	22	26	28
5	24	25	23

度减小,中心桩长度变化率最大。当土体模量增大率超过 5 MPa/m 后,边桩长度超过中心桩长度。随着土体模量增大率的增加,基础优化后得到的最优桩长趋于均等。

3. 不同土层埋深下的分析

针对图 4 - 7 所示的桩筏基础,计算参数见表 4 - 2,当土层的埋深发生变化时,桩筏基础桩长优化得到的最优桩长见表 4 - 8。优化中除了桩长取值范围设为 0—60 m 外,其他优化参数设置不变。为了更明显地表示随土体模量变化最优桩长的变化趋势,表中数据没有进行化整修正。由表可知随着土体埋深的变化,桩筏基础中最优桩长的大小基本无变化,也即土体埋深对最优桩长影响甚微。但当土层埋深在桩筏基础最长桩附近变化时,其对最优桩长的大小影响相对要大一些。

表 4 - 8 不同土体埋深下桩筏基础的最优桩长(单位：m)

土体埋深	角 桩	边 桩	中心桩
50	18.9	27.6	33.7
70	18.7	27.7	34.1
100	18.7	27.8	34.2
150	18.6	27.8	34.3

4. 不同土体泊松比下的分析

针对图 4 - 7 所示的桩筏基础,计算参数见表 4 - 2,当土体的泊松比发生变化时,桩筏基础桩长优化得到的最优桩长见表 4 - 9。优化中除了桩长取值范围设为 0—60 m 外,其他优化参数设置不变。为了更明显地表示随土体泊松比变化最优桩长的变化趋势,表中数据没有进行化整修正。由表 4 - 9 可知,随泊松比增大,优化后角桩长度减小,边桩长度增加,中心桩长度也增加,中心桩长度变化幅度要大于角桩和边桩的变化幅度。

表 4 – 9   不同土体泊松比下桩筏基础的最优桩长（单位：m）

土体泊松比	角 桩	边 桩	中心桩
0.3	18.7	27.8	34.2
0.4	17.7	28.3	35.8
0.5	16.3	29.1	38.4

4.1.3.6   桩体特性的影响

1. 不同桩径下的分析

针对图 4 – 7 所示的桩筏基础，计算参数见表 4 – 2。当基础中桩径发生变化时，桩筏基础桩长优化得到的最优桩长见表 4 – 10。优化中除了桩长取值范围设为 0—60 m 外，其他优化参数设置不变。为了更明显地表示随桩径变化最优桩长的变化趋势，表中数据没有进行化整修正。由表 4 – 10 可知，随桩径的增大，桩筏基础最优桩长发生变化，角桩长度增大，中心桩长度减小，边桩略有减小，但桩的长度变化最大的是中心桩，其次是角桩，边桩最弱。

表 4 – 10   不同桩径下桩筏基础的最优桩长（单位：m）

桩 径	角 桩	边 桩	中心桩
0.5	15.0	28.2	47.4
1.0	18.7	27.8	34.2
1.5	18.8	27.7	33.8

2. 不同桩体压缩性下的分析

针对图 4 – 7 所示的桩筏基础，计算参数见表 4 – 2。当基础中桩体压缩性发生变化时，桩筏基础桩长优化得到的最优桩长见表 4 – 11。优化中除了桩长取值范围设为 0—60 m 外，其他优化参数设置不变。为了更明显地表示随桩体压缩性变化最优桩长的变化趋势，表中数据没有进行化整修正。由表 4 – 11 可知，随桩身弹模增大，桩长优化结果表明角桩长度增大，边桩和中心张长度减小，不同位置上桩变化幅度大致相当。

表 4 - 11　不同桩身压缩性下桩筏基础的最优桩长(单位：m)

桩身模量/MPa	角　桩	边　桩	中心桩
1 000	2.2	38.6	56.5
5 000	9.8	31.4	55.4
10 000	15.9	27.7	45.6
30 000	18.7	27.8	34.2

4.1.4　结论

将桩筏基础通用分析方法与改进的遗传算法相结合提出的桩筏基础桩长优化分析模型和其分析步骤,经过桩基础和桩筏基础的优化分析证明是合理可行的。该分析方法可以分析具有不规则外形和不同外荷载形式桩筏基础的桩长优化问题。优化后的基础差异沉降大为减小,而且平均沉降也有不同程度的降低。优化后基础中长桩作用处筏板弯矩相对增大,但其他部位筏板弯矩相比等桩长基础要小。

参量分析表明筏板厚度的变化对最优桩长影响甚微;筏板的几何形状不同,最优桩长分布的模式也不同。土体模量变化对最优桩长影响显著,土体模量均匀增大时优化得到的中心桩长度增加,角桩长度减小,边桩长度略有变化。而当土体模量随深度线性增大时,中心桩长度减小,而边桩长度增大,各桩长度趋于均等。一般情况下,土体的埋深对于最优桩长影响不明显。土体的泊松比对最优桩长有影响,但不如模量变化的影响显著。

桩径增大时桩筏基础中最优化的结果表明中心桩长度大幅度减小,边桩长度也略有减小,但角桩长度增大。桩身弹性模量变化使得桩筏基础中各桩最优桩长均发生变动,而且各桩变化的幅度大致相当。由此可见,桩体特性的变化对最优桩长的影响较大。

4.2　控制差异沉降的桩筏基础桩位优化分析方法

4.2.1　前言

桩筏基础中桩位置的优化是桩筏基础优化分析的主要组成部分之一[106]。如何合理的布桩使基础的差异沉降最小,关系到整个工程的使用性能和工程造价两个方面,具有重要的研究意义。

Randolph(1994)提出仅在筏板中间约 $\frac{1}{4}$ 范围内布桩可以使薄板条件下的桩筏基础差异沉降最小,此时平均沉降却略有增加[85]。Horikoshi(1996)通过离心机模型试验验证了这一结论[122],Prakoso 通过数值分析也得出了类似的结论[118]。Xiao Dong Cao(2004)采用模型槽试验研究了不同布桩方案下的桩筏基础特性[124]。Cunha(2001)对包含长短桩条件下不同布桩方案的桩筏基础进行了比较分析[235]。Oliver Reul(2004)采用方案比较方法研究了非均匀荷载作用下桩筏基础的布桩优化问题[119]。Kyung Nam Kim(2001)将桩筏基础分析方法和二次递归优化方法相结合来优化桩筏基础的布桩位置。而国内此方面的研究集中于方案比较和抽桩分析两个方面[141,153]。

上述桩筏基础桩位优化分析方法存在的主要问题是:① 多采用方案比较,仅较少方法实现了桩筏基础分析与优化分析方法相结合;② 桩筏基础筏板形状均为方形筏板,不能考虑任意形状的筏板;③ 尽管 Kyung Nam Kim 实现了桩筏基础和优化方法的结合,但其桩筏基础分析方法没有考虑桩土相互作用;④ 不能实现包含长短桩条件下桩筏基础分析方法与优化方法相结合,即不能实现长短桩桩筏基础下桩筏基础桩位的自动优化分析。

　　针对上述存在的问题,本书在竖向荷载作用下桩筏基础通用分析方法[273]基础上,基于进化算法中的遗传算法[177-178],设计了特定的遗传编码方式和 6 个遗传操作算子,提出了以差异沉降最小为目标函数的桩筏基础桩位优化分析模型和方法;然后针对不同荷载类型下,不同筏板特性,不同桩、土体特性下桩筏基础桩位优化问题进行了参量分析与比较。

4.2.2　桩位优化分析模型

4.2.2.1　桩筏基础分析模型

　　桩筏基础分析的一个关键问题是合理考虑 4 种相互作用,分别为桩—土—桩、板—土—桩、桩—土—板和板—土—板相互作用,并能够分析包含不同桩长的桩筏基础。而采用桩筏基础通用分析方法[273]可以实现这些功能。

　　桩筏基础分析的另一个关键是选择合理的板分析模型。单独采用薄板理论或厚板理论分析任意桩筏基础是不严谨的。因此,采用厚薄板通用分析方法分析桩筏基础是必要的。基于 Timoshenko 厚梁理论和 Mindlin 板单元采用转角场和剪应变场进行合理插值的方式,可以形成厚薄板通用有限元分析模型[251-252]。

　　包含长短桩条件下桩筏基础中,经过验证合理的桩侧摩阻力函数可采用如下形式[227],见式(4-14)。

$$\tau_i(z) = \sum_{j=1}^{k} \alpha_{ij}(L_i - z)^{j-1} \qquad (4-14)$$

式中,$\tau_i(z)$ 为第 i 桩深度 z 处的侧摩阻力,$i = 1, 2, \cdots, np$,np 为群桩中总桩数;α_{ij} 为待定系数;k 为待定整型变量;L_i 为第 i 桩桩长。

　　通过位移协调关系,力的平衡方程和物理方程可以得出联系桩筏基础桩顶荷载和桩顶位移的刚度矩阵,即包含任意桩长,任意筏板厚度和任意

筏板几何形状的桩筏基础刚度表达式为[273]

$$[k_{ps}]_{(np+ns)\times(np+ns)}[w_t]_{(np+ns)\times1} = [p_t]_{(np+ns)\times1} \qquad (4-15)$$

式中，$[k_{ps}]$ 为桩筏体系的刚度矩阵；$[w_t]$ 为桩土体系的顶部位移列阵；$[p_t]$ 为桩土体系的顶部荷载列阵；ns 为桩筏基础中筏板下土节点的总数；np 为群桩中总桩数。

4.2.2.2　优化方法

尽管遗传算法是一种自适应全局最优化概率搜索算法，具有较强鲁棒性，隐含并行性和全局搜索特性，但他没有固定的模式。正如 Michalewicz 指出的遗传算法不应有特定的遗传代码表达形式，不应有固定的遗传操作模式，而应该具体问题具体对待[177-178]。由于桩筏基础分析的复杂性，为了更高效率地实现桩筏基础桩位优化分析，针对这一特定的问题本书设计了特定的遗传编码方式和 6 个遗传算子来实现桩位优化设计。

1. 遗传编码

桩筏基础的桩位应该是在筏板范围内连续分布的变量，采用有限元分析筏板时桩筏基础的桩顶应和板的节点相一致，这样在优化分析中当桩位改变时，有限元网格势必要重新划分，而优化的过程是一个不断迭代收敛的过程，从而会出现筏板网格反复划分的过程，使得这一过程费时费力。

由此提出了如何简化上述分析过程，同时又能合理地反映桩位对桩筏基础特性影响的问题。桩筏基础中单个桩位的变化并不重要，重要的是群桩的整体布局。将筏板划分成适当大小的有限元网格，规定桩位仅在单元节点上变化，这样虽不能使桩位严格达到最优位置，但在精度和操作难度折中的前提下是一个合理可行的方案。而且随有限元划分网格密度的增大，问题求解的精度同时也在提高。

由于筏板悬挑长度的限制,扣除板节点中不能作为桩位的节点,将其他节点顺序编号,采用如图 4 – 24 所示的编码方式,板中可行的节点数目为 N;表现值为 1,说明该节点处设置桩;表现值为 0,说明该节点不设置桩;属性值表示节点中设置桩位的节点序号,NumPile 表示桩筏基础中总桩数。优化中遗传算子操作的对象是图 4 – 24 中的属性值,而表现值与桩筏基础中桩位的确定相匹配,从而在属性值和表现值之间建立了一个一一对应的映射关系。

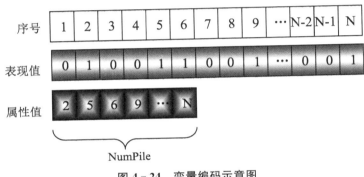

图 4 – 24 变量编码示意图

2. 遗传算子

遗传算法中遗传操作包括基因重组(杂交或交叉)和变异。针对桩筏基础中桩位的优化设计了 3 个杂交算子和 3 个变异算子,分别如下。

(1)点杂交算子

根据个体适应度大小的排列顺序,以概率方式选择种群中的两个个体,随机选择 1—N 区间的任意整型变量 M,以 M 为分割点,将两个个体位于 M 点后的变量互换,产生新的两个个体。调整每个个体变量数总和为总桩数,然后由属性值映射到表现值,检查新产生的个体是否满足最小桩距的要求。若不满足,则进行调整直至满足条件为止。

(2)段杂交算子

根据个体适应度大小的排列顺序,以概率方式选择种群中的两个个体,随机选择 1—N 区间的任意两个整型变量 M_1 和 M_2(其中 $M_1<M_2$),将两个个体位于 M_1 和 M_2 之间的部分互换,产生新的两个个体。调整每个个体变量数总和为总桩数,然后由属性值映射到表现值,检查新产生的个体是否满足最小桩距的要求。若不满足,则进行调整直至满足条件为止。

（3）内选杂交算子

根据个体适应度大小的排列顺序,以概率方式选择种群中的两个个体,将两个个体的属性值放入杂交池内,以 50% 的概率随机选择二者包含的变量。调整杂交后变量数目为总桩数,再由属性值映射到表现值,进行桩距的检查和变量的调整。

（4）单变量均匀变异算子

随机选择种群中某一个体,再随机选中某一属性值变量,将该属性值对应的表现值设为 0,再随机选择其他表现值为 0 的某一变量,将其表现值设为 1,并修改其对应的属性值。同样需要进行最小桩距的检查,不需要调整总桩数。

（5）全变异算子

随机选择种群中的某一个体,针对该个体中所有的属性值,依次进行单变量均匀变异操作,然后进行最小桩距的检查,不需要调整总桩数。

（6）互换变异算子

随机选择种群中的某一个体,再随机选择该个体内的两个属性值,将二者的属性值进行交换即可,不需要检查桩距,也不需要调整总桩数。

该算子仅适用于包含不同桩长,不同桩径和不同桩体材料属性的桩筏基础桩位优化。对于桩体性质相同的群桩组成的桩筏基础进行桩位优化时,该算子不起作用。

4.2.2.3　优化分析模型

桩筏基础桩位优化的目的是在总桩数不变的情况下,也即基础总造价不变的情况下如何优化桩的布局，使得基础的差异沉降最小。该优化问题可采用式(4-16)表示。

$$\underset{\chi^p}{Min}\Pi = \int_A \parallel \nabla\omega \parallel^2 \mathrm{d}A \qquad (4-16)$$

Subject to $\quad x_i = 0 \, or \, 1; \; (i = 1, 2, \cdots, n)$

$$\sum_{i=1}^n x_i = NumPile$$

$$Dist(i, j) \geqslant dist, \; (i, j = 1, 2, \cdots, n)$$

式中，Π 为目标函数；$node$ 为筏板中可作为桩位的总节点数；$\chi^p = (x_1, x_2, \cdots, x_n)^T$，代表各桩桩位的优化向量，在此采用了其表现值(见图 4-1)表达方式；A 为桩筏基础中筏板的面积；ω 代表筏板弯曲曲面的横向位移；∇ 为二维坐标的梯度运算算子；$NumPile$ 为基础中总桩数；$Dist(i, j)$ 为节点 i 和节点 j 之间的距离；$dist$ 为最小桩距的规定值。

由于桩筏基础中筏板采用有限元分析，其网格大小相近，公式(4-16)的目标函数表达式可以转化为式(4-17)表示。

$$\underset{\chi^p}{Min}\Pi = \sqrt{\frac{1}{n-1}\sum_{i=1}^n (disp(i) - \bar{\xi})^2}$$
$$\qquad (4-17)$$
$$\bar{\xi} = \frac{1}{n}\sum_{i=1}^n disp(i)$$

式中，n 为筏板中有限元节点总数；$disp(i)$ 表示节点 i 处的横向位移。

4.2.2.4　优化分析过程

采用上述改进的遗传算法并结合桩筏基础通用分析方法进行桩筏基础中桩位的优化分析，其步骤包括以下几步。

（1）设定遗传操作的基本控制参数；

（2）根据初始化种群的方式,生成单一化或者随机化的初始种群；

（3）采用公式(4-14)或(4-15)对种群中每一个个体进行分析,根据公式(4-16)和式(4-17)得出对应的适应度大小；

（4）将种群个体根据适应度大小排序,此时按照降序排列；

（5）对种群中所有个体进行遗传算子操作,包括 5 种(群桩中各桩性质相同)或 6 种(群桩中包含性质不同的桩)不同的操作；

（6）重新评价种群生成新个体的适应度,并按降序重新排列；

（7）重复步骤 5 和步骤 6,直至满足算法终止条件。

进化的终止条件可以采用最大进化代数,或采用以下适应度判别标准。

$$\frac{\Delta Fit_i}{Fit_0} \leqslant \varepsilon, \; i = 1, 2, \cdots, N_G \tag{4-18}$$

式中,ΔFit_i 为第 i 代和第 $i-1$ 代种群中最优个体适应度的差值；Fit_0 为初始种群种最优个体的适应度；ε 为误差标准,可采用 10^{-3} 或 10^{-4}；N_G 为进化的当前代数。

4.2.3　比较验证与分析

4.2.3.1　桩位优化实例

为了演示桩筏基础桩位优化的过程,以均匀土体中由 5 桩组成的桩筏基础为例进行说明。土体、桩、筏板和外荷载特性见表 4-12。优化中种群大小为 100,最大进化代数控制为 50,最小桩距取 1.5 m,采用单一化初始种群方式,初始桩位见图 4-25。

将优化后的基础与 3×3 桩筏基础进行了比较,优化后的桩位和 3×3 桩筏基础的桩位见图 4-26。以下比较分析中两种基础的其他条件均相同。优化过程中适应度的变化曲线见图 4 - 27，由图可知迭代计算的收敛速度很快，不到 20 代即可达到最优结果。由图 4 - 26 可知，优化后群桩位于基础中心部位 1/4 范围内，这和 Randolph(1994)[85] 的结论相一致。两种基础的沉降剖面图见图 4 - 28，只要合理优化布桩位置，5 桩基础的差异沉降远小于均匀布桩条件下 9 桩基础的差异沉降，但基础的整体沉降相比要大一些(5 桩基础平均沉降为 77 mm，9 桩基础平均沉降为 65 mm)，这也和 Randolph(1994)[85] 的结论相吻合。两种基础类型下筏板的 x 方向弯矩 M_{xx} 和剪力 τ_{xz} 分别见图 4 - 29 和图 4 - 30，由图可知经过优化布桩后筏板的弯矩和剪力均有不同程度的降低。

表 4 - 12   5 桩桩筏基础计算参量表

	土 体	桩	筏 板
弹性模量/MPa	20	30 000	30 000
泊松比	0.35	/	0.2
几何尺寸	厚度 50 m	半径 0.25 m	厚度 0.5 m
外荷载	均匀分布面荷载，大小 0.3 MPa		

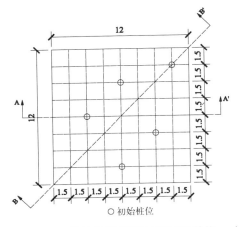

图 4 - 25   5 桩桩筏基础初始桩位图(单位: m)

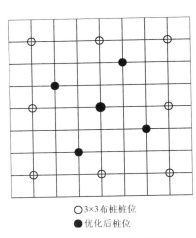

图 4 - 26   优化后桩位图

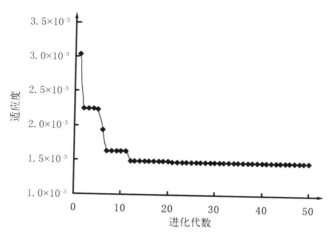

图 4 - 27 适应度随进化代数变化曲线

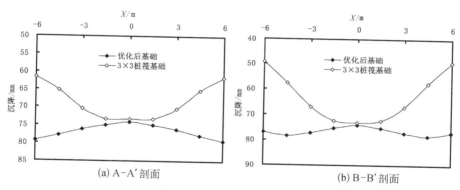

图 4 - 28 基础沉降剖面图

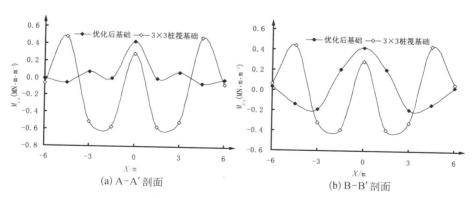

图 4 - 29 基础弯矩 M_{xx} 剖面图

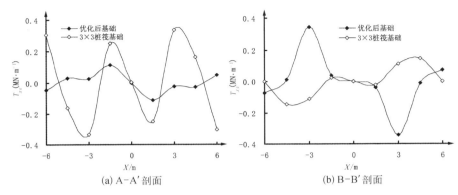

(a) A-A′剖面　　　　　　　　　(b) B-B′剖面

图 4-30　基础剪力剖面图

4.2.3.2　不同荷载类型下的优化分析

桩筏基础中筏板经常承受的荷载类型可简化为面荷载、线荷载和集中力荷载。在此,以承受集中力荷载的桩筏基础为例,来说明不同荷载类型下的桩位优化。采用文献[158]中的实例(荷载作用位置作了微小变动,最小桩距由 1.2 m 变为 2.0 m),筏板形状和荷载大小及作用位置见图 4-31,桩与土体和筏板的计算参量见表 4-13,共布桩 25 根。

表 4-13　集中力荷载下桩筏基础计算参量表

计算参数	土　体	桩	筏　板
弹性模量/MPa	35	35 000	35 000
泊松比	0.5	/	0.16
几何尺寸	无限埋深	长度 20 m, 半径 0.6 m	20×20 m, 厚度 1.0 m

优化过程中种群大小设为 100,最大进化代数设为 100,最小桩距设为 2.0 m,初始桩位见图 4-31,优化后桩位布置见图 4-32。优化前后基础板的沉降结果比较见图 4-33。经过优化布桩后基础的差异沉降相比等间距布桩的基础减小了,但基础的平均沉降略有增大(优化前为 22.7 mm,优化后为 23.5 mm)。

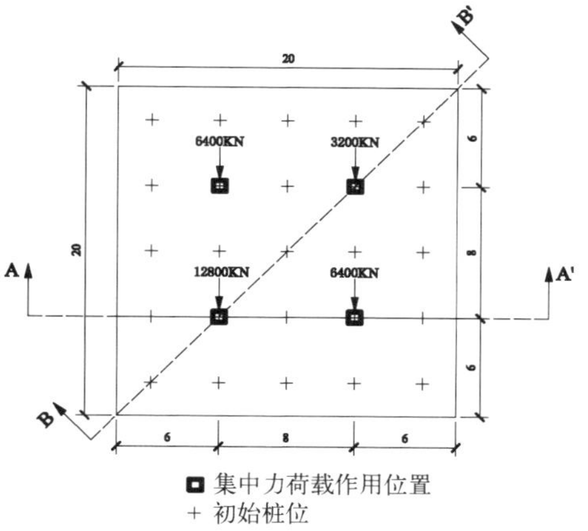

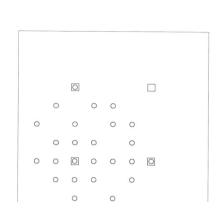

图 4 - 31　集中力荷载下桩筏基础
平面图(单位:m)

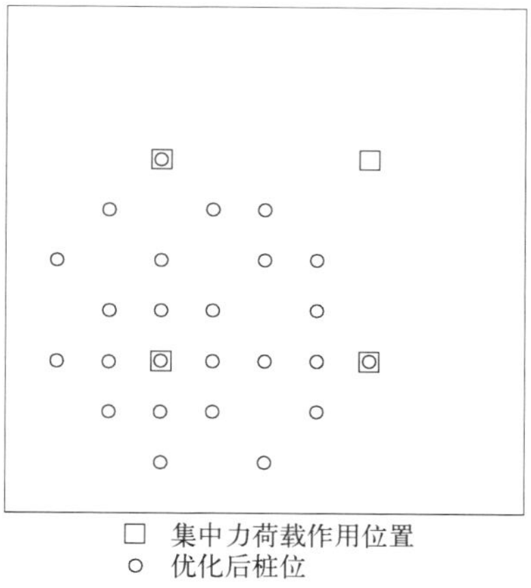

图 4 - 32　优化后桩位图

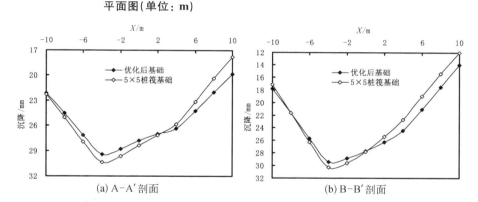

(a) A-A′剖面

(b) B-B′剖面

图 4 - 33　集中力荷载下基础的沉降

　　本例经过优化后基础的差异沉降减小幅度较小的主要原因在于规定了桩间距(本书为 2.0 m),从而限制了群桩向荷载作用点集中的程度,导致不能有效减小荷载作用点处的基础沉降,使得基础的差异沉降偏大。而文献[158]中采用了桩间距为 1.2 m,仅为 2 倍的桩径,取如此小桩距的根本原因在于使得更多的桩位于荷载作用点附近,从而使优化后基础的差异沉降更小,这在某种程度上演化为一种数字操作。

　　本例优化的结果说明桩筏基础中单独进行桩位优化有时还不能满足实际的要求,此时尚需结合其他的优化内容,如优化基础的桩长等来综合处理,可参见文献[277]。

4.2.3.3 筏板特性的影响

1. 不同筏板形状下的分析

随着对建筑物使用功能和外观效果等各方面要求的提高,基础的形状不再局限于规则的方形或圆形基础。下面以图 4-34 所示的桩筏基础为例,来说明不规则筏板条件下桩筏基础的桩位优化。

优化过程中种群数为 100,最大进化代数控制为 50,共布桩 11 根,初始桩位见图 4-34,其他计算参量见表 4-14。优化后的桩位见图 4-35,优化前后基础的沉降等值线见如图 4-36。由图比较可知基础布桩经过优化后最大差异沉降从优化前的 30 mm 减小为 2.5 mm。基础的整体沉降变化不大,优化前为 68.3 mm,优化后平均沉降为 66.9 mm。同时优化前后基础沉降分布形式明显不同。由此可见筏板的形状对于最优桩位的影响较大。

表 4-14 异形桩筏基础计算参量表

	土 体	桩	筏 板
弹性模量/MPa	20	30 000	30 000
泊松比	0.35	/	0.2
几何尺寸	无限埋深	长度 20 m, 半径 0.25 m, 最小间距 1.5 m	厚度 0.8 m
外荷载	均匀分布面荷载,大小 300 KPa		

2. 筏板厚度的影响

为了分析筏板厚度对桩筏基础最优桩位的影响程度,采用 3 m×1 m 的长方形桩筏基础,计算参量见表 4-15。优化过程中种群数 100,最大进化代数为 50。针对不同的筏板厚度,优化后桩的位置坐标(取长方形筏板的中心点为坐标原点)和基础的差异沉降与平均沉降见表 4-16。

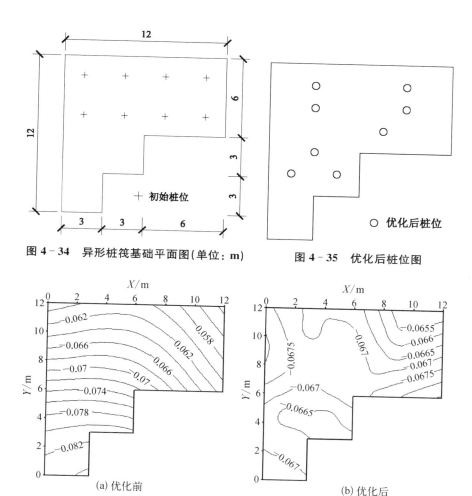

图 4‑34 异形桩筏基础平面图(单位：m)

图 4‑35 优化后桩位图

(a) 优化前

(b) 优化后

图 4‑36 优化前后基础的沉降(单位：m)

表 4‑15 桩筏基础计算参量表

计算参数	土　体	桩	筏　板
弹性模量/MPa	10	30 000	30 000
泊松比	0.35	/	0.2
几何尺寸	无限埋深	总桩数为2,长度为10 m,半径0.15 m,最小间距1.0 m	筏板厚度0.10 m
外荷载	均匀分布面荷载,大小300 KPa		

表 4 - 16　不同筏板厚度下优化结果比较(单位: m)

筏板厚度	1号桩位坐标	2号桩位坐标	最大差异沉降/mm	平均沉降/mm
0.05	(−0.7, 0)	(0.7, 0)	9.0	17.6
0.10	(−0.8, 0)	(0.8, 0)	4.0	14.1
0.15	(−0.8, 0)	(0.8, 0)	2.5	13.3
0.20	(−0.7, 0)	(0.7, 0)	1.2	13.2
0.30	(−0.7, 0)	(0.7, 0)	0.4	13.1

由表 4 - 16 可知,随着筏板厚度的增大,最优桩位略有内缩的趋势,但幅度很小。由此可见,筏板厚度对于桩筏基础最优桩位的影响很小。同时,还可得出在薄板范围内筏板厚度的变化对整体沉降影响相对较大;而在厚板范围内厚度变化对整体沉降影响甚小,但筏板厚度的增大对减小差异沉降始终有效。

4.2.3.4　土体特性的影响

1. 土体模量的影响

为了分析土体模量变化对桩筏基础最优桩位的影响程度,采用 3 m× 1 m 的长方形桩筏基础,计算参量见表 4 - 15。优化过程中种群数 100,最大进化代数为 50。针对不同的土体模量值,优化后桩的位置坐标(取长方形筏板的中心点为坐标原点)和基础的差异沉降与平均沉降见表 4 - 17。

表 4 - 17　不同土体模量下优化结果比较(单位: m)

土体弹性模量/MPa	1号桩位坐标	2号桩位坐标	最大差异沉降/mm	平均沉降/mm
1	(−0.7, 0)	(0.7, 0)	10.3	125.0
10	(−0.8, 0)	(0.8, 0)	4.0	14.1
50	(−0.7, 0)	(0.7, 0)	1.3	3.7
100	(−0.6, 0)	(0.6, 0)	0.8	2.2

由表 4-17 可知,随着土体模量的增大,最优桩位逐步内缩,向基础中心部位集中,但集中幅度不大。随着模量增大,基础的差异沉降和平均沉降均减小。

2. 土体不均匀度的影响

为了反映土体不均匀分布对桩筏基础最优桩位的影响程度,采用 3 m× 1 m 的长方形桩筏基础,计算参量见表 4-15,假定土体模量随深度线性增大,当前情况下表 4-15 中土体模量为土体表层模量。优化过程中种群数 100,最大进化代数为 50。优化后桩的位置坐标(取长方形筏板的中心点为坐标原点)和基础的差异沉降与平均沉降见表 4-18。

表 4-18 非均匀土中优化结果比较(单位: m)

土体模量增大率/(MPa・m⁻¹)	1 号桩位坐标	2 号桩位坐标	最大差异沉降/mm	平均沉降/mm
0	(−0.8, 0)	(0.8, 0)	4.0	14.1
1	(−0.8, 0)	(0.8, 0)	4.7	10.1
5	(−0.8, 0)	(0.8, 0)	5.2	5.9
10	(−0.8, 0)	(0.8, 0)	5.4	4.7

由表 4-18 可知,当土体模量随深度线性变化时(设最大变化深度为 10 m),桩筏基础的最优桩位基本无变化,从而说明最优桩位对于土体不均匀程度不敏感。随着土体不均匀程度增大,基础的平均沉降减小,差异沉降略有增大。

3. 土层埋深的影响

为了反映土体不同埋深条件对桩筏基础最优桩位的影响程度,采用 3 m×1 m 的长方形桩筏基础,计算参量见表 4-15。优化过程中种群数 100,最大进化代数为 50。优化后桩的位置坐标(取长方形筏板的中心点为坐标原点)和基础的差异沉降与平均沉降见表 4-19。

由表 4-19 可知,土体埋深对最优桩位的影响不明显,随着土体埋深的减小,基础平均沉降减小,差异沉降变化不明显。

表 4-19 不同土体埋深下优化结果比较(单位: m)

土体埋深	1号桩位坐标	2号桩位坐标	最大差异沉降/mm	平均沉降/mm
15	(−0.8, 0)	(0.8, 0)	4.0	10.4
20	(−0.8, 0)	(0.8, 0)	4.0	11.6
40	(−0.8, 0)	(0.8, 0)	4.0	12.9
无限埋深	(−0.8, 0)	(0.8, 0)	4.0	14.1

4. 土体泊松比的影响

为了反映土体泊松比对桩筏基础最优桩位的影响程度,采用 3 m×1 m 的长方形桩筏基础,计算参量见表 4-15。优化过程中种群数 100,最大进化代数为 50。优化后桩的位置坐标(取长方形筏板的中心点为坐标原点)和基础的差异沉降与平均沉降见表 4-20。

表 4-20 不同土体泊松比下优化结果比较(单位: m)

土体泊松比	1号桩位坐标	2号桩位坐标	最大差异沉降/mm	平均沉降/mm
0.3	(−0.8, 0)	(0.8, 0)	4.2	14.0
0.4	(−0.8, 0)	(0.8, 0)	3.7	14.1
0.5	(−0.7, 0)	(0.7, 0)	3.3	14.1

由表 4-20 可知,土体泊松比对桩筏基础的最优桩位略有影响,当模量接近于 0.5 时最优桩位向基础中心部位略有集中。随土体泊松比增大基础的平均沉降基本无变化,差异沉降略有减小。

4.2.3.5 桩体特性的影响

1. 桩径的影响

为了反映桩径变化对桩筏基础最优桩位的影响程度,采用 3 m×1 m

的长方形桩筏基础,计算参量见表 4 - 15。优化过程中种群数 100,最大进化代数为 50。优化后桩的位置坐标(取长方形筏板的中心点为坐标原点)和基础的差异沉降与平均沉降见表 4 - 21。

表 4 - 21　不同桩径下优化结果比较(单位: m)

桩　径	1 号桩位坐标	2 号桩位坐标	最大差异沉降/mm	平均沉降/mm
0.10	(−0.8, 0)	(0.8, 0)	3.7	15.1
0.15	(−0.8, 0)	(0.8, 0)	4.0	14.1
0.20	(−0.8, 0)	(0.8, 0)	4.1	13.5

由表 4 - 21 可知,桩径变化对桩筏基础最优桩位影响不明显。随着桩径的增大,基础的平均沉降和差异沉降变化幅度很小。

2. 桩体压缩性的影响

为了反映桩身材料变化对桩筏基础最优桩位的影响程度,采用 3 m×1 m 的长方形桩筏基础,计算参量见表 4 - 15。优化过程中种群数 100,最大进化代数为 50。优化后桩的位置坐标(取长方形筏板的中心点为坐标原点)和基础的差异沉降与平均沉降见表 4 - 22。

表 4 - 22　不同桩身压缩性下优化结果比较(单位: m)

桩身模量/MPa	1 号桩位坐标	2 号桩位坐标	最大差异沉降/mm	平均沉降/mm
500	(−0.5, 0)	(0.5, 0)	1.1	27.3
1 000	(−0.7, 0)	(0.7, 0)	1.5	23.5
5 000	(−0.7, 0)	(0.7, 0)	2.7	16.9
30 000	(−0.8, 0)	(0.8, 0)	4.0	14.1

由表 4 - 22 可知,随着桩身模量的增大,桩筏基础的最优桩位逐渐外移。当桩身模量增大,基础的平均沉降减小,但差异沉降略有增大。

3. 桩长的影响

为了反映桩长变化对桩筏基础最优桩位的影响程度,采用 3 m×1 m 的长方形桩筏基础,计算参量见表 4-15。优化过程中种群数 100,最大进化代数为 50。优化后桩的位置坐标(取长方形筏板的中心点为坐标原点)和基础的差异沉降与平均沉降见表 4-23。

表 4-23　不同桩长下优化结果比较(单位: m)

桩　长	1 号桩位坐标	2 号桩位坐标	最大差异沉降/mm	平均沉降/mm
5	(−0.7, 0)	(0.7, 0)	2.4	20.3
10	(−0.8, 0)	(0.8, 0)	4.0	14.1
15	(−0.8, 0)	(0.8, 0)	4.5	11.4
20	(−0.8, 0)	(0.8, 0)	4.7	10.0

由表 4-23 可知,当桩长较小时,增大桩长使最优桩位向外偏移,但当桩长增加到一定程度后,对最优桩位基本无影响。随桩长增大,基础的平均沉降减小,差异沉降略有增加。

4.2.4　结论

将桩筏基础通用分析方法与改进的遗传算法相结合提出的桩筏基础桩位优化分析模型和其分析步骤,经过桩筏基础的优化分析证明是合理可行的。自行设计的 6 个遗传算子(3 个杂交算子,3 个变异算子)具有较高的寻优性能。该分析方法可以分析具有不规则外形,不同外荷载形式和不同桩长组成的桩筏基础的桩位优化问题。优化后的基础差异沉降大为减小,平均沉降视具体问题可能增大也可能减小,但变化幅度很小。

对桩筏基础最优桩位影响最大的是荷载类型和荷载的分布情况,基础板的几何形状对最优桩位影响也较大。而桩筏基础中桩土体压缩特性的影响次之,其他参量如桩径、土体泊松比、土体埋深等影响不明显。

4.3　控制差异沉降的桩筏基础桩径优化分析方法

4.3.1　概述

桩径的优化是桩筏基础优化措施的组成部分之一,但它在桩筏基础优化过程中一般作为一个次要项来涉及。究其根本原因是一定的工程量(或工程投资)前提下,单位投资减小的基础沉降和差异沉降不及优化桩长时单位投资取得的效果显著。桩径的增大导致工程量呈二次方关系增加,而桩长增加仅使工程量呈线性变化。

Prakoso(2001)[118]运用 PLAXIS 软件分析了等桩长等桩径方形桩筏基础的优化问题,认为桩径的变化对于控制基础的平均沉降和差异沉降作用很小,采用较小的桩径既可以控制基础沉降,又能使工程投资相对减小。Barakat(1999)[135]基于可靠性分析方法研究了海水中水平受荷钢管桩的优化问题,重点在于考虑钢管桩随时间的腐蚀效应,认为当整个基础的可靠性指标发生变化时,影响最大的设计变量是管壁厚度,其次是桩长,再次是桩径。陈明中(2004)[155]简单分析了均匀布桩条件下基于投资最省原则的桩筏基础的一些优化问题,分析中人为地将方形基础划分为 3 个区,每个区有相同的桩长、桩径和桩间距等设计变量,实例分析得出内强外弱的布桩形式。

不同于上述优化分析模型,本书基于如何最充分利用工程投资使基础差异沉降最小化的思想来优化桩筏基础中桩径大小的问题,即假定桩体积一定的条件下,如何优化布置基础中各桩的桩径,使基础的差异沉降最小。优化分析中基础可包含不同的桩长和桩体材料特性,且可以承受不同类型的荷载,如集中力荷载、线荷载和均匀分布荷载等。将桩筏基础通用分析方法[273]和包含非线性约束条件的改进遗传算法[177-178]相结合,提出了一个桩筏基础桩径优化的分析模型。然后给出了一个实例说明桩径优化分析的过程,并针对桩筏基础中筏板特性,土体特性和桩体特性对最优桩径的影响进行了参量分析与比较。

4.3.2 桩径优化分析模型

4.3.2.1 桩筏基础分析模型

桩筏基础分析的一个关键问题是合理考虑四种相互作用,分别为桩—土—桩、板—土—桩、桩—土—板和板—土—板相互作用,并能够分析包含不同桩长、不同桩径的桩筏基础。而采用桩筏基础通用分析方法[273]可以实现这些功能。

桩筏基础分析的另一个关键是选择合理的板分析模型。单独采用薄板理论或厚板理论分析任意桩筏基础是不严谨的,因此,采用厚薄板通用分析方法分析桩筏基础是必要的。基于 Timoshenko 厚梁理论和 Mindlin 板单元采用转角场和剪应变场进行合理插值的方式可以形成厚薄板通用有限元分析模型[251-252]。

包含长短桩条件下桩筏基础中,经过验证合理的桩侧摩阻力函数可采用式(4-19)的形式[273]。

$$\tau_i(z) = \sum_{j=1}^{k} \alpha_{ij} (L_i - z)^{j-1} \qquad (4-19)$$

式中,$\tau_i(z)$ 为第 i 桩深度 z 处的侧摩阻力,$i = 1, 2, \cdots, np$,np 为群桩中总桩数;α_{ij} 为待定系数;k 为待定整型变量;L_i 为第 i 桩桩长。

通过位移协调关系,力的平衡方程和物理方程可以得出联系桩筏基础桩顶荷载和桩顶位移的刚度矩阵,即包含任意桩长、任意筏板厚度和任意筏板几何形状的桩筏基础刚度表达式为[273]

$$[k_{\mathrm{ps}}]_{(np+ns)\times(np+ns)}[w_{\mathrm{t}}]_{(np+ns)\times 1}=[p_{\mathrm{t}}]_{(np+ns)\times 1} \qquad (4-20)$$

式中，$[k_{\mathrm{ps}}]$ 为桩筏体系的刚度矩阵；$[w_{\mathrm{t}}]$ 为桩土体系的顶部位移列阵；$[p_{\mathrm{t}}]$ 为桩土体系的顶部荷载列阵；ns 为桩筏基础中筏板下土节点的总数；np 为群桩中总桩数。

4.3.2.2　优化方法

工程优化过程中优化算法的选择直接影响整个分析过程的精度和效率，采用经典的规划类算法求解大规模优化问题时，存在着敏度分析计算代价大和部分高效算法存储容量大的问题，而且随着问题规模的增大，很可能超出分析者所能承受的极限。

目前，对于大规模的优化问题出现了一些新的算法，遗传算法就是其中的一个分支。简单的遗传算法(SGA)仅能处理无约束优化问题，对于包含线性约束和非线性约束条件的优化问题，在此选用 Michalewicz 分析方法[177-178]。

1. 遗传算子

遗传算法中遗传操作包括基因重组（杂交或交叉）和变异。针对不同的问题可以设计不同的遗传操作算子。分析中采用 Michalewicz 定义的 7 个遗传算子[177-178]，分别为单变量均匀变异算子、全变量均匀变异算子、边界变异算子、非均匀变异算子、算术杂交算子、简单杂交算子和启发式杂交算子。

2. 约束处理

约束处理是各种优化方法的关键和难点。在遗传算法中约束处理一般采用惩罚函数方法，其缺点是针对不同的问题需要设定不同的惩罚函数，适合于规模不大的线性约束最优化问题[167]。而 Michalewicz 基于实数编码的方式提出了一个非常高效的解决方法。

（1）线性约束

首先，将约束优化问题分解为线性约束优化和非线性优化两部分，对

于线性优化部分可描述为

$$Min F(\boldsymbol{X}) \qquad (4-21)$$

$$\text{subject to,} \quad \left.\begin{array}{l} \boldsymbol{AX} = \boldsymbol{B} \\ \boldsymbol{CX} \leqslant \boldsymbol{D} \\ \boldsymbol{L} \leqslant \boldsymbol{X} \leqslant \boldsymbol{U} \end{array}\right\}$$

式中,$\boldsymbol{X}$ 为优化向量;$\boldsymbol{A}$ 为线性等式约束的系数矩阵;$\boldsymbol{B}$ 为线性等式约束的常数向量;$\boldsymbol{C}$ 为线性不等式约束的系数矩阵;$\boldsymbol{D}$ 为线性不等式约束的常数向量;$\boldsymbol{L}$ 为变量取值下限向量;$\boldsymbol{U}$ 为变量取值上限向量。

线性分析前首先消去多余的变量(即等式约束包含的变量数目),然后控制遗传算子操作使杂交或变异后的个体仍然满足线性约束条件,从而使种群中所有个体均为可行解,最终获得的最优解必然也是可行解。

(2)非线性约束

对于非线性约束的处理采用可行解搜索方法[177-178],其主要思想为采用一定的策略修正非可行解并融入某些协同演化的方法。分析过程中维持两个分离的群体,其中一个群体的进展影响对另一个群体中个体的评价。将第一个群体记为 P_s,定义为搜索集,他是由满足线性约束的搜索点组成,但不一定满足非线性约束条件;将第二个群体记为 P_r,定义为参照集,他由满足所有线性和非线性约束的点组成。

由于参照集 P_r 中所有个体均为可行解,其对应的遗传算法中适应度可以直接求解。而搜索集中个体不一定满足所有约束条件,其适应度大小的确定需要一个修正过程,设 $\boldsymbol{S}$ 为搜索集中一点,$\boldsymbol{R}$ 为参照集中一点,通过生成(0,1)区间的随机数 α,按 $\boldsymbol{Z} = \alpha\boldsymbol{S} + (1-\alpha)\boldsymbol{R}$ 方式生成一系列点,直至 $\boldsymbol{Z}$ 为满足所有约束条件的可行解,修正过程如图 1 所示。若 $\boldsymbol{Z}$ 对应的计算结果优于参照点 $\boldsymbol{R}$,则用 $\boldsymbol{Z}$ 替换 $\boldsymbol{R}$ 作为一个新的参照点,同时以某个概率 P_r 替换搜索点 $\boldsymbol{S}$。

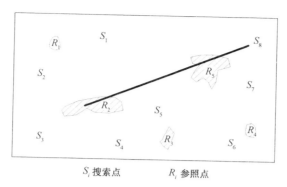

S_i 搜索点　　　　R_i 参照点

图 4 - 37　不可行点的修正

上述非线性处理方式非常适合非线性不等式约束条件,对于非线性等式约束采用如下处理方式,

$$g(x) = p \qquad\qquad (4-22)$$

转化为,$\left.\begin{array}{l} g(x) > p - \Delta \\ g(x) < p + \Delta \end{array}\right\}$

式中,$g(x)$ 为非线性等式约束方程;Δ 为适当小的一个正实数。

4.3.2.3　优化分析模型

桩筏基础优化分析模型的目标函数一般设为工程的总造价最小化,本书转换一个角度来看待该问题,即一定的工程投资(或者工程量一定),如何最充分的利用该投资使桩筏基础的差异沉降最小,从而产生了如何优化布置桩筏基础中各桩桩径使基础的差异沉降最小,同时能够保证群桩的桩体积总和一定,优化分析的模型如下

$$\underset{\chi^p}{Min}\,\Pi = \int_A \parallel \nabla \omega \parallel^2 \mathrm{d}A \qquad\qquad (4-23)$$

Subject to　　$a_i \leqslant x_i \leqslant b_i$,$(i = 1, 2, \cdots, np)$

$$\pi \sum_{i=1}^{np} x_i^2 l_i = Volume$$

式中，Π 为目标函数；$\chi^p = (x_1, x_2, \cdots, x_{np})^\mathrm{T}$，为各桩径变量组成的优化向量；$A$ 为桩筏基础中筏板的面积；ω 代表筏板弯曲曲面的横向位移；∇ 为二维坐标的梯度运算算子；a_i 和 $b_i(i = 1, 2, \cdots, np)$ 为优化变量分布区间的上下限；l_i 为基础中各桩的桩长；$Volume$ 为基础中桩体积总和；np 为基础中总桩数。

4.3.2.4 优化分析过程

采用上述遗传算法结合桩基础通用分析方法[231]和桩筏基础通用分析方法[273]进行桩基础或桩筏基础桩径的优化分析，其步骤包括以下几步。

（1）设定优化控制参数；

（2）选定某一大小的群桩总体积；

（3）根据初始化种群的方式，生成单一化或者随机化的初始搜索种群和参照种群；

（4）依照参照种群由搜索种群个体产生满足约束条件的新个体，采用公式(4-19)或式(4-20)对新个体进行分析，根据公式(4-23)得出对应的适应度大小，进而更新参照种群和搜索种群的内容；

（5）将搜索种群和参照种群个体根据适应度大小排序，此时按照降序排列；

（6）对搜索种群中所有个体进行遗传算子操作，包括 7 种不同的操作；

（7）重复步骤(4)，并按降序重新排列；

（8）重复步骤(5)—步骤(7)，直至满足算法终止条件；

（9）重新选定一新的桩体积总和，重复步骤(2)—步骤(8)。

进化的终止条件可以采用最大进化代数，或采用式(4-24)适应度判别标准。

$$\frac{\Delta Fit_i}{Fit_0} \leqslant \varepsilon, \ (i = 1, 2, \cdots, N_G) \qquad (4-24)$$

式中，ΔFit_i 为第 i 代和第 $i-1$ 代种群中最优个体适应度的差值；Fit_0 为初始种群种最优个体的适应度；ε 为误差标准，可采用 10^{-3} 或 10^{-4}；N_G 为进化的当前代数。

通过上述 9 个步骤，可以得出基于差异沉降最小条件下不同的桩体积总和（桩半径为变量）对应的基础平均沉降和差异沉降大小，如图 4-38 所示。基础的平均沉降随桩体积总和的增加而减小，当超过某一限度后趋近于某一定值，而差异沉降（沉降最大值与最小值的差）基本上呈波浪状分布，整条曲线接近于 0 值。由图 4-38 可知，只要根据平均沉降的要求选择对应的桩体积总和，通过上述分析步骤可计算其对应的桩径分布情况，即为满足沉降要求并且投资最省的桩径布置方案。若此时差异沉降仍不满足要求，应通过调整基础的布桩长度[277]，布桩位置[276] 或筏板厚度等来控制。

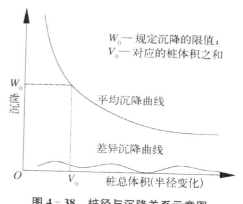

图 4-38　桩径与沉降关系示意图

4.3.3　桩径优化中的参量分析

4.3.3.1　优化分析实例

为了演示桩筏基础桩径优化的过程，以均匀土体中由 3×3 群桩组成的桩筏基础为例进行说明。土体、桩、筏板和外荷载等参量特性见表 4-24，桩筏基础平面布置见图 4-39。优化过程中种群数为 120，最大进化代数控制为 100。

将传统的等桩径桩筏基础和优化后的桩筏基础进行了比较，随基础平均桩径［平均桩径 $d = 2\sqrt{V/\pi \sum l_i}$，$V$ 为桩体积之和，l_i 为群桩中单桩长

表 4-24 3×3 桩筏基础计算参量表

计算参数	土 体	桩	筏 板
弹性模量/MPa	20	30 000	30 000
泊松比	0.35	/	0.2
几何尺寸	无限埋深	桩长 20 m,半径为变量	厚度 0.5 m
外荷载	均匀分布面荷载,大小 1.0 MPa		

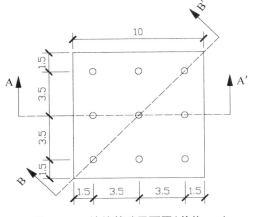

图 4-39 桩筏基础平面图(单位: m)

度]的变化,两基础的平均沉降和差异沉降分别如图 4-40 和图 4-41 所示。由图 4-40,随桩径增大,基础的平均沉降减小,但桩径的增大对于控制基础的平均沉降作用是有限的,因此,桩径的优化一般作为桩筏基础优化措施的辅助项,不能作为主要项目;优化后基础

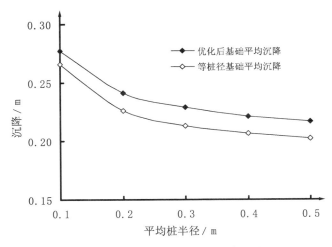

图 4-40 基础平均沉降与平均桩半径关系图

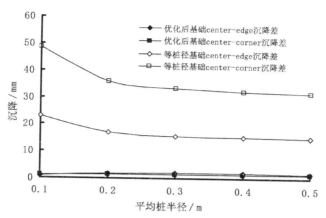

图 4 - 41　基础差异沉降与平均桩径关系图

的平均沉降略大于优化前等桩径基础的平均沉降。由图 4 - 41 可知,优化前等桩径基础的差异沉降较大,经过优化后基础的差异沉降接近于 0 值。

　　等桩径的桩筏基础中,最大轴力桩为角桩,最小轴力桩为中心桩;优化后,最大轴力桩为中心桩,最小轴力桩为角桩。随平均桩径的变化基础中各桩最大轴力与最小轴力比值系数的变化见图 4 - 42(a)。桩径优化后的基础由于各桩桩径分布变化较大,桩顶最大轴力和最小轴力的比值变化较大,等桩径基础桩顶最大轴力和最小轴力的比值变化较平缓。随平均桩径

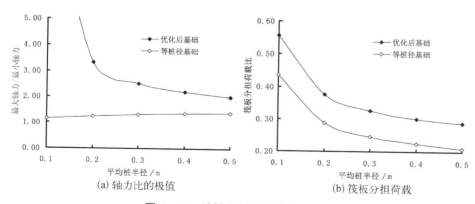

　　(a) 轴力比的极值　　　　　　　　　　(b) 筏板分担荷载

图 4 - 42　桩轴力与平均桩半径关系

的变化,等桩径桩筏基础和优化后桩筏基础的筏板分担总荷载的比例见图 4-42(b),当平均桩径增大,基础中筏板分担的荷载减小,但相同条件下优化后基础筏板分担的荷载比等桩径基础大 10%。

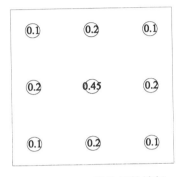

图 4-43　优化后的桩径
（单位：m）

当要求基础的沉降不大于 24 cm 时,由图 4-40 可得此时对应的平均桩半径约为 0.2 m,采用桩径优化分析模型可得出此时各桩的桩径大小如图 4-43 所示,优化过程中适应度与进化代数的关系曲线见图 4-44,仅需经过 10 代进化就可以达到较高的精度。

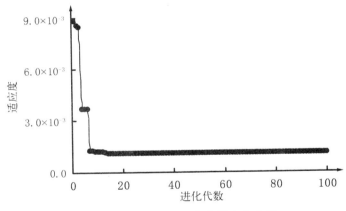

图 4-44　适应度随进化代数变化曲线

优化前后基础的沉降,弯矩和剪力比较分别参见图 4-45-图 4-47。由图 4-45 可知,基础优化前后差异沉降变化非常明显,尽管优化后基础差异沉降减小,但是平均沉降却增大了。优化后,基础中心桩半径增大,其对应的筏板弯矩比等桩径基础要大,其他部位的弯矩优化后减小了,参见图 4-46。优化后中心桩位附近筏板剪力增大了,其他部位相比变小,参见图 4-47。

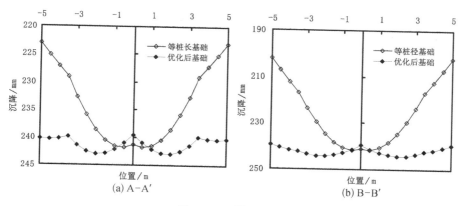

图 4 - 45　基础沉降

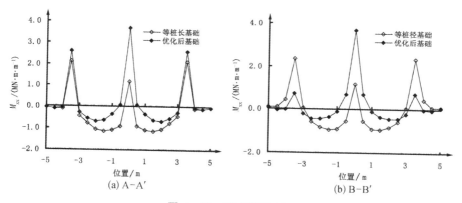

图 4 - 46　基础弯矩 M_{xx}

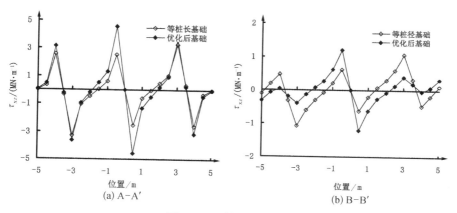

图 4 - 47　基础剪力 τ_{xz}

4.3.3.2　筏板特性的影响

1. 不同筏板形状下的分析

随着对建筑物使用功能和外观效果等各方面要求的提高,基础的形状不再局限于规则的方形或圆形基础。下面以基础中较常见的"L"形基础为例,来说明不规则筏板条件下桩筏基础的桩径优化。

桩筏基础的桩位和筏板外形如图 4-48 所示,计算参量见表 4-25。优化过程中取平均桩半径为 0.3 m,遗传种群数为 100,最大进化代数控制为 100。优化后的桩径如图 4-49 所示,等桩径条件和桩径优化后基础的沉降等值线如图 4-50 所示,由图比较可知等桩径基础的差异沉降为 2.8 mm,而优化后基础的差异沉降仅为 0.3 mm,优化后差异沉降接近于

表 4-25　"L"形桩筏基础计算参量表

计算参数	土　体	桩	筏　板
弹性模量/MPa	10	20 000	30 000
泊松比	0.3	/	0.2
几何尺寸	厚度 50 m	桩长 20 m,桩径为变量	厚度 1.0 m
外荷载	均匀分布面荷载,大小 100 kPa		

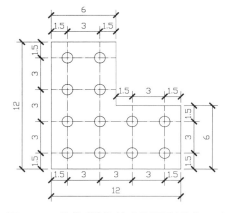

图 4-48　"L"形桩筏基础平面图(单位: m)

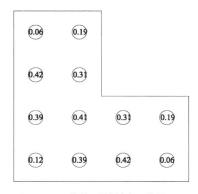

图 4-49　优化后的桩径(单位: m)

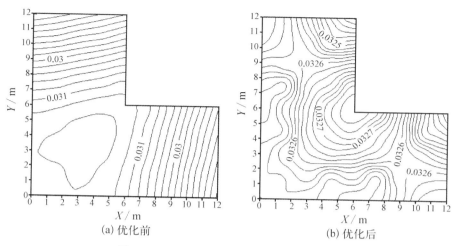

图 4-50　优化前后基础的沉降(单位：m)

0 值。同时优化前后基础沉降分布形式也不同,优化前为中间大边缘小的碟形沉降,优化后基础沉降最大值出现在基础的拐角处。

2. 不同筏板厚度下的分析

针对图 4-39 所示的桩筏基础,计算参数见表 4-24,基础的平均桩半径取 0.3 m,在不同的筏板厚度条件下进行桩筏基础的桩径优化,结果见表 4-26。由表 4-26 可知,在薄板范围内时,中心桩与边桩,角桩桩径差别较大,进入厚板范围后桩径大小的差距减小,即中心桩和边桩半径减小,角桩半径增大,但变化的量值是非常微小的,即筏板厚度对于最优桩径的分布影响甚微。

表 4-26　不同筏板厚度下桩筏基础的最优桩径(单位：m)

筏板厚度	角　桩	边　桩	中心桩
0.5	0.099 5	0.261 1	0.724 5
1.0	0.105 0	0.262 5	0.719 4
1.5	0.105 7	0.260 2	0.722 3
2.0	0.103 6	0.251 1	0.698 6

4.3.3.3 土体特性的影响

1. 不同土体模量下的分析

针对图 4 - 39 所示的桩筏基础,计算参数见表 4 - 24,基础的平均桩半径取 0.3 m,当土体的模量发生变化时,桩筏基础桩径优化得到的最优桩径见表 4 - 27。由表 4 - 27 可知,当土体模量增大时,角桩和边桩的半径变大,中心桩半径减小。从变化的量值上,中心桩变化率最大,边桩次之,角桩最小。由此可见,土体模量对于最优桩径的分布有较大的影响。

表 4 - 27　不同土体模量下桩筏基础的最优桩径(单位: m)

土体弹性模量/MPa	角　桩	边　桩	中心桩
1	0.028 5	0.101 5	0.887 0
10	0.079 4	0.220 7	0.785 6
50	0.113 7	0.305 3	0.642 5
100	0.102 6	0.325 8	0.608 8

2. 不均匀土体下的分析

为了反映不均匀土体下桩筏基础最优桩径的分布规律和相对均匀土体中最优桩径的变化情况,采用图 4 - 39 所示的桩筏基础,计算参数见表 4 - 24,基础的平均桩半径取 0.3 m,当前情况下,表 4 - 24 中土体模量为土体表层模量,当土体模量随深度线性变化时(设最大变化深度为 20 m),桩筏基础桩径优化结果见表 4 - 28。由表 4 - 28 可见,当土体下部土层模量增大时,优化结

表 4 - 28　非均匀土中桩筏基础的最优桩径(单位: m)

土体模量增大率/(MPa·m⁻¹)	角　桩	边　桩	中心桩
0	0.099 5	0.261 1	0.724 5
1	0.203 8	0.312 9	0.474 7
5	0.277 8	0.307 3	0.311 2

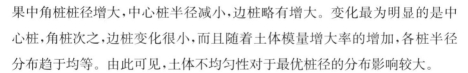

果中角桩桩径增大,中心桩半径减小,边桩略有增大。变化最为明显的是中心桩,角桩次之,边桩变化很小,而且随着土体模量增大率的增加,各桩半径分布趋于均等。由此可见,土体不均匀性对于最优桩径的分布影响较大。

3. 不同土层埋深下的分析

针对图 4-39 所示的桩筏基础,计算参数见表 4-24,基础的平均桩半径取 0.3 m,当土层的埋深发生变化时,桩筏基础桩径优化得到的最优桩径大小见表 4-29。由表 4-29 可知,随着土体埋深增加,角桩和边桩半径减小,中心桩半径增大。当土体埋深变化时,中心桩变化率最大,角桩和边桩变化率较小,而且,当埋深较小时各桩的半径变化率较大,超过 50 m 以后变化甚小。由此可见,土层埋深对桩径分布的影响相比土体其他特性的影响要弱一些。

表 4-29　不同土体埋深下桩筏基础的最优桩径(单位：m)

土体埋深	角　桩	边　桩	中心桩
25	0.157 1	0.305 2	0.558 6
50	0.102 1	0.263 3	0.719 8
∞	0.099 5	0.261 1	0.724 5

4. 不同土体泊松比下的分析

针对图 4-39 所示的桩筏基础,计算参数见表 4-24,基础的平均桩半径取 0.3 m,当土体的泊松比发生变化时,桩筏基础桩径优化的结果见表 4-30。由表 4-30 可知,随泊松比增大,优化后角桩和边桩的半径减小,而中心桩半

表 4-30　不同土体泊松比下桩筏基础的最优桩径(单位：m)

土体泊松比	角　桩	边　桩	中心桩
0.3	0.110 4	0.267 8	0.708 3
0.4	0.087 3	0.254 8	0.739 6
0.5	0.055 6	0.243 6	0.766 5

径增大,基础中各桩半径的差异趋于增大。基础中心桩和角桩半径变化率相比边桩半径变化率要大,但整体上土体泊松比变化对于桩筏基础中最优桩径的分布影响较小。

4.3.3.4 桩体特性的影响

1. 不同桩长下的分析

(1) 等桩长条件

针对图 4-39 所示的桩筏基础,计算参数见表 4-24,基础的平均桩半径取 0.3 m,当基础中桩长发生变化时,桩筏基础桩径优化结果如表 4-31 所示。由表 4-31 可知,随桩长的增加,桩筏基础最优桩径发生变化,角桩半径增大,中心桩半径减小,边桩半径略有增加;从变化率上分析角桩和中心桩变化最为明显,而边桩变化甚小。由此可见等桩长基础中桩长的变化对于最优桩径的分布有较大影响。

表 4-31 不同桩长下桩筏基础的最优桩径(单位: m)

桩 长	角 桩	边 桩	中心桩
10	0.000 1	0.263 7	0.747 6
20	0.099 5	0.261 1	0.724 5
30	0.162 1	0.296 0	0.572 4
50	0.225 7	0.318 9	0.415 5

(2) 不等桩长条件

针对图 4-39 所示的桩筏基础,计算参数见表 4-24,基础的平均桩半径取 0.3 m,若基础中各桩长度不同,假定中心桩长 32 m,边桩长度 22 m,角桩长度 15 m,基础中桩的总长度不变,仍为 180 m。经过桩筏基础的桩径优化,等桩长基础和不等桩长基础优化后的桩径比较见表 4-32。由表 4-32 可知,等桩长基础与不等桩长基础最优半径的差别很大,对于中间长四周短的桩长设置方式,各桩的最优桩径分布比等桩长要均匀。

表 4 - 32　桩筏基础的最优桩径比较(单位: m)

基础类型	角　桩	边　桩	中心桩
等桩长基础	0.099 5	0.261 1	0.724 5
不等桩长基础	0.229 3	0.343 4	0.309 0

2. 不同桩体压缩性下的分析

针对图 4 - 39 所示的桩筏基础,计算参数见表 4 - 24,基础的平均桩半径取 0.3 m,当基础中桩体压缩性发生变化时,桩筏基础桩径优化结果见表 4 - 33。由表 4 - 33 可知,当桩身弹模很低时,优化后中心桩半径极大,角桩半径为 0,即可以不设置角桩;随着弹模增大,中心桩半径由小到大变化,边桩半径也略有减小,但角桩半径变化规律不明显。由此可见,桩身弹模对于桩筏基础最优桩径的影响较小。

表 4 - 33　不同桩身压缩性下桩筏基础的最优桩径(单位: m)

桩身模量/MPa	角　桩	边　桩	中心桩
1 000	0.000 0	0.178 0	0.842 9
5 000	0.105 9	0.334 0	0.588 4
10 000	0.124 1	0.315 2	0.615 0
30 000	0.099 5	0.261 1	0.724 5

4.3.4　结论

将桩基础通用分析方法和桩筏基础通用分析方法与遗传算法相结合提出的桩筏基础桩径优化分析模型和其分析步骤,经过实例分析证明是合理可行的。桩径的优化问题是一个包含线性约束和非线性约束的优化问题,能够恰当处理这些约束问题的遗传算法的引入是关键。文中分析方法可以分析具有不规则外形和不同外荷载形式下桩筏基础的桩径优化问题。优化后的基础差异沉降大为减小，而且平均沉降略有增加。

参量分析表明桩筏基础筏板形状对于基础最优桩径的分布有较大影响，而基础的筏板由薄板过渡到厚板过程中基础的最优桩径变化甚小，其影响作用不明显。

土体特性对于最优桩径的分布影响非常显著，其影响程度由大到小依次是土体不均匀程度、土体模量、土体埋深和土体泊松比。土性由弱到强变化时，基础中各桩半径有趋于均等的趋势，土体埋深越大，各桩最优半径差距越大。

桩体特性对于桩筏基础最优桩径的大小也有较大的影响，影响最大的是桩长大小，不等桩长基础和等桩长基础的最优桩径差别很大，而桩身压缩模量对最优桩径的影响程度相比要弱一些。

4.4 控制差异沉降的桩筏基础筏板厚度确定方法

4.4.1 前言

桩筏基础的筏板优化是桩筏基础优化设计的组成部分之一。筏板的优化主要包括其平面尺寸的优化，筏板厚度的优化和配筋优化等。由于受建筑物使用功能和受力特点的限值，筏板平面尺寸可变的幅度很小，一般作为定值来考虑。筏板厚度的优化是目前桩筏基础优化中筏板优化的重点。

Prakoso(2001)[118]认为满堂布桩方式下增加板厚对减小差异沉降作用明显，但对于优化布置桩位后的基础，这种作用变得不明显。对于基础的平均沉降，无论布桩优化与否，板厚的影响可忽略不计。从而得出了优化群桩属性，包括桩长、桩距和桩位，比增加筏板厚度来减小差异沉降更为有效的结论。Xiao Dong Cao(2004)[124]通过长短桩复合地基的模型槽试验得出桩长越长情况下,板厚变化对基础整体沉降和差异沉降的影响越显著,由于分析的是含桩复合地基,筏板的影响相比桩筏基础要显著。Cunha(2001)[235]分析了筏板宽厚比在 $\frac{1}{80} \sim \frac{1}{20}$ 的桩筏基础,认为筏板由薄到厚变化时,基础的平均沉降和差异沉降减小较明显,在不对称荷载作用下板厚增大意味着基础倾斜度增加。板厚增大导致最大桩顶荷载和最大板—土接触压力减小,但对于板土平均压力无影响。Poulos(2001)[106]分析了筏板宽厚比在 $\frac{1}{24} \sim \frac{1}{6}$ 的桩筏基础,认为均匀布桩条件下筏板厚度变化对差异沉降和基础弯矩影响较大,而对于桩—筏荷载分担比和最大沉降影响甚微。从而得出为了控制基础差异沉降,采用少量桩并优化布置比采用大量桩均匀布置或增加板厚更为合理的结论。Randolph(2003)[278]认为对于 B/L 小于 1(B 为群桩宽度,L 为桩长)的小桩群桩筏基础,通过增加筏板厚度来减小差异沉降较合理;而对于 B/L 大于 1 的大桩群桩筏基础,通过适当确定桩长和桩位来达到控制基础整体沉降和差异沉降的目的。

桩筏基础筏板厚度的确定分为两类,一类是针对传统的等桩长均匀布桩方式下的桩筏基础;另一类是针对经过优化布置桩长,桩位或桩径下的桩筏基础。应用的对象不同,对应的筏板最优厚度的确定分析方法也不同。本书结合桩筏基础通用分析方法和基于遗传算法的优化分析方法来对这两类问题分别进行论述。

4.4.2　筏板厚度的确定过程

4.4.2.1　桩筏基础分析模型

桩筏基础分析的一个关键问题是合理考虑四种相互作用,分别为桩—土—桩、板—土—桩、桩—土—板和板—土—板相互作用,并能够分析包含不同桩长的桩筏基础。而采用桩筏基础通用分析方法[273]可以实现这些功能。

桩筏基础分析的另一个关键是选择合理的板分析模型。单独采用薄板理论或厚板理论分析任意桩筏基础是不严谨的，因此，采用厚薄板通用分析方法分析桩筏基础是必要的。基于 Timoshenko 厚梁理论和 Mindlin 板单元采用转角场和剪应变场进行合理插值的方式可以形成厚薄板通用有限元分析模型[251-252]。

包含长短桩条件下桩筏基础中，经过验证合理的桩侧摩阻力函数可采用式(4-25)的形式[231]。

$$\tau_i(z) = \sum_{j=1}^{k} \alpha_{ij}(L_i - z)^{j-1} \qquad (4-25)$$

式中，$\tau_i(z)$ 为第 i 桩深度 z 处的侧摩阻力，$i = 1, 2, \cdots, np$，np 为群桩中总桩数；α_{ij} 为待定系数；k 为待定整型变量；L_i 为第 i 桩桩长。

通过位移协调关系，力的平衡方程和物理方程可以得出联系桩筏基础桩顶荷载和桩顶位移的刚度矩阵，即包含任意桩长、任意筏板厚度和任意筏板几何形状的桩筏基础刚度表达式为[273]

$$[k_{ps}]_{(np+ns)\times(np+ns)}[w_t]_{(np+ns)\times1} = [p_t]_{(np+ns)\times1} \qquad (4-26)$$

式中，$[k_{ps}]$ 为桩筏体系的刚度矩阵；$[w_t]$ 为桩土体系的顶部位移列阵；$[p_t]$ 为桩土体系的顶部荷载列阵；ns 为桩筏基础中筏板下土节点的总数；np 为群桩中总桩数。

4.4.2.2　筏板厚度确定方法(一)

1. 分析模型

本部分中筏板厚度确定方法适用于等桩长等桩径均匀布桩条件下的传统桩筏基础。优化中桩长，桩径和筏板厚度均可以发生变化，以桩体和筏板的混凝土总体积近似表征工程投资,即总体积越大表示工程投资越大。

工程造价最省的方案也就是能够最充分利用投资的方案,当给定基础的总投资,如何合理设置基础的筏板厚度以使差异沉降控制在允许范围内,并且使平均沉降尽可能小,从而组成了筏板厚度的确定方法。由于要求基础的平均沉降和差异沉降均达到最小化,因此,这是一个多目标优化问题。其分析模型如下:

$$\begin{cases} \underset{\chi^p}{Min}\,\Pi_1 = \dfrac{1}{npoint} \sum_{i=1}^{np} w_i \\[2ex] \underset{\chi^p}{Min}\,\Pi_2 = \displaystyle\int_A \parallel \nabla \omega \parallel^2 \mathrm{d}A \end{cases} \qquad (4-27)$$

Subject to　$a_i \leqslant x_i \leqslant b_i, \ i = 1, 2, 3$

$$A_p x_3 + \pi x_1 x_2^2 n_p = Volume$$

式中,Π_1 代表平均沉降最小化的目标函数;Π_2 代表差异沉降最小化的目标函数;优化变量 $\chi^p = (x_1, x_2, x_3)^T$,$x_1$ 代表基础统一桩长,x_2 代表基础统一桩半径,x_3 代表基础板厚;np 为筏板中有限元节点总数;w_i 为节点 i 处的沉降;ω 代表筏板弯曲曲面的横向位移向量;∇ 为二维坐标的梯度运算算子;A 为桩筏基础中筏板的面积;a_i 和 $b_i (i = 1, 2, 3)$ 依次对应桩长、桩径和筏板厚度变量分布区间的上下限;A_p 为桩体横截面面积;np 为基础中总桩数,$Volume$ 为给定的材料总体积。

优化关系式式(4-27)求解的关键是如何将其融合到一个目标函数表达式中,本书采用以下变化来实现。

$$\underset{\chi^p}{Min}\,\Pi = \frac{\overline{\Pi_1}}{(\overline{\Pi_1} - \Pi_{1i}) Heaviside(\overline{\Pi_1} - \Pi_{1i})}$$

$$* \frac{\overline{\Pi_2}}{(\overline{\Pi_2} - \Pi_{2i}) * Heaviside(\overline{\Pi_2} - \Pi_{2i})}$$

(i=1, 2, ⋯, NPop * NGener)

$$(4-28)$$

式中未列出的变量约束条件同式(4-27)；Π 为求解的最终目标函数；$\overline{\Pi_1}$ 为式(4-27)平均沉降最小化的个体平均值；$\overline{\Pi_2}$ 为式(4-27)差异沉降最小化的个体平均值；Π_{1i} 为某代中某一个体最小化的平均沉降；Π_{2i} 为某代中某一个体最小化的差异沉降；NPop 为优化的种群大小；NGener 为优化中最大进化代数；$Heaviside(x)$ 为数学中奇异函数,具体表达式为

$$Heaviside(x) = \begin{cases} 0 & x < 0 \\ 1 & x \geqslant 0 \end{cases} \qquad (4-29)$$

2. 约束条件

(1) 桩筏基础承载力约束

桩筏基础承载力是群桩承载力和筏板—土体承载力的总和。桩筏基础是由桩提供大部分承载力还是由板提供大部分承载力取决于具体的基础类型。对于小桩群桩筏基础,桩提供绝大部分承载力,因为板下土体性质再好也难以发挥其承载性能；而对于大桩群桩筏基础,筏板提供了绝大部分承载力,桩的设置仅是控制基础的平均沉降和差异沉降[278]。因此,不论如何变化桩基础特性第二种基础类型基础承载力问题肯定可以满足,而第一种基础类型常采用群桩承载力来表示桩筏基础的承载力。

基础的破坏形式不同,对应的承载力估算表达式也各不相同。当整体失效下,桩筏基础的极限承载力采用式(4-30)确定[154]。

$$R = 2(a_r + b_r)\int c_u \mathrm{d}z + N_c c_{ub} a_r b_r \qquad (4-30)$$

式中,R 为桩筏基础极限承载力；a_r 为筏板长度；b_r 为筏板宽度；c_u 为桩侧土体不排水抗剪强度；c_{ub} 为桩端土体不排水抗剪强度；N_c 为桩端承载因子。

桩筏基础的强度约束条件为

$$\gamma_0(N_r + G_r) \leqslant R/k \qquad (4-31)$$

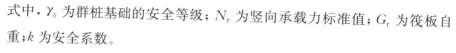

式中，γ_0 为群桩基础的安全等级；N_r 为竖向承载力标准值；G_r 为筏板自重；k 为安全系数。

优化过程中也可以简单的规定桩长，桩径的下限值来间接满足承载力的要求。

（2）筏板强度约束

筏板的强度约束包括筏板抗剪切和抗冲切承载力要求。不同结构类型下，桩筏基础的筏板抗剪切和抗冲切要求也各不相同，较常见的包括梁板式筏基的抗冲切抗剪切约束、平板式筏基内柱（包括边柱，角柱和内柱）下冲切约束、内筒下平板式筏基抗冲切和抗剪切约束等。具体的计算表达式详见文献[271]。

（3）其他约束

其他约束指除了上述约束之外的有关桩筏基础优化时的变量约束，如筏板最小厚度的约束、与施工机械相关的桩径的最小值和最大值，取决于具体工程性质的桩长最小值和最大值等。

3. 优化分析过程

由式（4-27）可知，该优化属于非线性约束条件下的多目标优化问题，经过转换后可以用式（4-28）来进行等价处理。优化分析方法采用遗传算法进行，具体分析原理和方法参见文献[177-178]。

具体的优化过程如图 4-51 所示。

图 4-51 中 ΔFit 表示第 i 代和第 $i-1$ 代种群中最优个体适应度的差值，$i=1,2,\cdots,N_G$；Fit 为初始种群种最优个体的适应度；ε 为误差标准，可采用 10^{-3} 或 10^{-4}；N_G 为进化的当前代数；N 代表不同桩筏混凝土体积取样数目。若承载力或强度约束不满足要求，则提高变量的下限值重新计算。

通过图 4-51 所示的优化过程，可以得出不同的桩筏混凝土总体积条件下对应的基础平均沉降和差异沉降大小，如图 4-52 所示。基础的平均

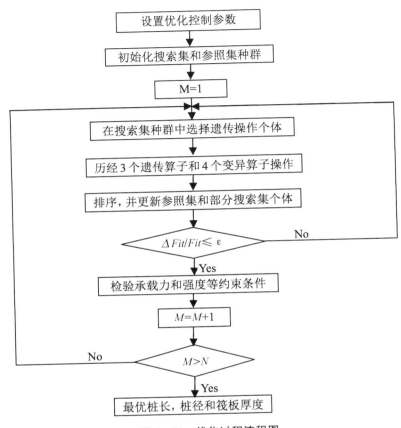

图 4-51 优化过程流程图

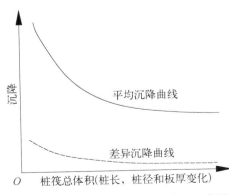

图 4-52 桩筏总体积与沉降关系示意图

沉降和差异沉降同时随着混凝土总体积的增加而减小,也即随着工程投资的增大而减小;由图 4-52 可知,只要根据对基础平均沉降和差异沉降大小的要求选择对应的桩筏混凝土总体积,该总体积下对应的桩长,桩径和筏板厚度即为满足差异沉降和平均沉降,并且投资最省原则的基础设计方案。

4.4.2.3　筏板厚度确定方法(二)

正如 Poulos(2001)[106]指出桩筏基础中桩位的优化,桩长的优化是桩筏基础优化的主要项目,而筏板厚度仅为次要项目。摒弃掉桩筏基础等桩长、等桩径和均匀布桩概念,对于由任意桩长、桩径和布桩位置的群桩组成的桩筏基础,如何设置最优的筏板厚度,可通过如下两种方式确定。

1. 分析模型

对于由任意桩长、任意桩径、任意布桩的群桩组成的桩筏基础,当给定基础的总投资时,如何合理设置基础的筏板厚度,以使差异沉降最小化,可仿照式(4-27)采用以下分析模型。

$$
\begin{cases}
\underset{\chi^p}{Min}\,\Pi_1 = \dfrac{1}{np} \displaystyle\sum_{i=1}^{np} w_i \\
\underset{\chi^p}{Min}\,\Pi_2 = \displaystyle\int_A \parallel \nabla \omega \parallel^2 \mathrm{d}A
\end{cases}
\tag{4-32}
$$

$$
\text{Subject to} \quad a_i \leqslant L_i \leqslant b_i, \ (i = 1,\ 2,\ \cdots,\ np)
$$

$$
c_i \leqslant r_i \leqslant d_i, \ (i = 1,\ 2,\ \cdots,\ np)
$$

$$
t_1 \leqslant t \leqslant t_2
$$

$$
A_p t + \pi \sum_{i=1}^{np} r_i^2 L_i = Volume
$$

式中,$\chi^p = (L_1,\ L_2,\ \cdots,\ L_{np},\ r_1,\ r_2,\ \cdots,\ r_{np},\ t)^{\mathrm{T}}$;$L_i(i = 1,\ 2,\ \cdots,\ np)$ 代表各桩桩长变量;$r_i(i = 1,\ 2,\ \cdots,\ np)$ 代表各桩桩半径变量;t 代表基础板厚;a_i 和 b_i($i = 1,\ 2,\ \cdots,\ np$) 各桩桩长变量分布区间的上下限;c_i 和 $d_i(i = 1,\ 2,\ \cdots,\ np)$ 各桩半径变量分布区间的上下限;t_1 和 t_2 分别为筏板厚度变量分布区间的上下限;其他未列出的符号意义同式(4-27)。

与此同时,优化中还应该进行桩筏基础承载力和筏板抗剪切抗冲切校验,包含不等长度桩组成的桩筏基础其承载力如何确定,目前尚难以确定。但无论是 Randolph(2003)[278],还是 Poulos(2001)[106]均认为大多数桩筏基础板土体系可以提供绝大部分或全部承载力。因此,假定不论桩长、桩径和桩位如何变化时,基础的承载力总能满足要求,故不需要验证总体承载力是可以接受的。

2. 简洁分析方法

公式(4-32)从形式上给出了桩筏基础筏板厚度的确定方法,但通过深入分析桩筏基础的特性和桩筏基础桩长、桩位、桩径优化中的一些结论,可以提出一种新的简洁确定筏板厚度的方法。

简洁分析方法提出的理论依据分别如下:

(1) 无论是薄板范围内还是厚板范围内,筏板厚度变化对于基础平均沉降影响甚小,这一结论要排除极薄板情形,但极薄板在实际中是很少遇到的。

(2) 桩筏基础中桩长、桩径和桩位优化产生的效果远比优化筏板厚度显著。

(3) 桩筏基础桩长的优化、桩径的优化和桩位的优化可以将基础差异沉降降低到 0 值附近,而对于整体沉降影响不大。

(4) 筏板厚度对于桩长优化、桩位优化和桩径优化结果的影响作用不明显。

(5) 优化桩体的特性不需要增加混凝土用量,当混凝土用量增加时将使得基础平均沉降减小;筏板厚度增大将导致材料用量增大,但是对于基础平均沉降的减小作用不明显。

上述论述中提到的桩筏基础桩长优化可参见文献[277],桩位优化可参见文献[276],桩径的优化可参见文献[280]。

由上述可以得出确定桩筏基础筏板厚度的简洁分析方法,即经过桩筏基础桩位优化、桩长优化或桩径优化后的桩筏基础,无需进行筏板厚度优化,仅根据受弯刚度确定相应的筏板厚度即可,同时,应进行筏板抗冲切和抗剪切验算。针对桩基特性对桩筏基础进行优化后,虽然基础平均弯矩较优化前减小了,但在局部部位可能大于等桩长均匀布桩条件下的桩筏基础,因此,筏板建议设置成变厚度筏板,仅在局部设置成较厚的板,其他部位设置为薄板即可满足基础差异沉降的要求。注意验算筏板变厚度处的抗剪切和抗冲切强度。

3. 关于筏板最优厚度的讨论

筏板是由混凝土和钢筋两种材料组成的,根据筏板弯矩来确定筏板厚度还存在一个细部的优化问题。在弯矩一定的情况下,筏板厚度越大(混凝土用量越多)使得筏板平均应力减小,从而减小钢筋的用量。同样的增大钢筋用量必然使得筏板厚度减小。因此,如何确定最优的筏板厚度还需要存在一个如何确定钢筋用量和混凝土用量的比例问题,这属于结构优化范畴,本书未进行深入分析。

4.4.3　参量分析与实例验证

由于等桩长、等桩径和满堂布桩的桩筏基础占目前桩筏基础的绝大部分,同时受到传统桩筏基础的认识和规范的约束作用,这一布置方式的桩筏基础在相当长一段时间仍将占主要地位。在此特对其进行详细比较和分析。

4.4.3.1　优化规律分析

为了能提供上述桩筏基础优化时的指导性原则,对其进行了方案比较分析。对于图 4-53 所示的桩筏基础,布桩数 4×4,其他计算参量见表 4-34。方案分析说明见表 4-35,针对 3 种不同筏板厚度,3 种不同桩长,3 种不同桩径条件下的 27 种不同的桩筏基础,当总体积均增大 50 m³ 时,

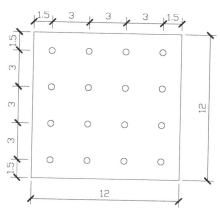

图 4-53　桩筏基础平面图(单位:m)

即单独增大筏板厚度,单独增大桩长和单独增大桩径,共 81 种不同的优化方案。经过比较平均沉降结果和差异沉降结果,得出如下结论可供优化等桩长、等桩径和满堂布桩下桩筏基础时参考。

表 4-34 4×4 桩筏基础计算参量表

计算参数	土 体	桩	筏 板
弹性模量/MPa	30	30 000	30 000
泊松比	0.35	/	0.17
几何尺寸	无限埋深	桩长为变量,半径为变量	厚度为变量
外荷载	均匀分布面荷载,大小 300 kPa		

表 4-35 优化分析方案比较说明表(单位: m)

筏板厚度	桩 长	桩半径	筏板厚度增加	桩长增加	桩径变为
		0.10	0.347	99.5	0.367
	8	0.25	0.347	15.9	0.432
		0.50	0.347	3.98	0.612
		0.10	0.347	99.5	0.276
0.5	15	0.25	0.347	15.9	0.359
		0.50	0.347	3.98	0.562
		0.10	0.347	99.5	0.208
	30	0.25	0.347	15.9	0.309
		0.50	0.347	3.98	0.532
1.0	⋮	⋮	⋮	⋮	⋮
1.5	⋮	⋮	⋮	⋮	⋮

(1)不论薄板还是厚板条件下,桩长增加平均沉降减小,差异沉降同时也减小。

(2)在极薄板情形下,随桩径增大,无论桩长短与否,差异沉降均降低;而在中厚板和厚板范围内,中等大小半径的群桩对应的差异沉降比较小半径和较大半径的群桩对应的沉降要小。但平均沉降均随桩径增大而减小。

(3) 随筏板厚度增加,基础平均沉降减小。但对于短桩基础减小较明显,对于中等长度桩和长桩基础作用不明显。无论基础桩长和桩径条件如何,增加板厚对差异沉降控制作用同样显著。

(4) 同等工程投资(混凝土增加量)下,增加板厚,增加桩长和增加桩径对控制差异沉降作用依次递减。同样工程投资(混凝土增加量)下,增加桩长,增加桩径和增加筏板厚度对控制基础平均沉降的作用依次减弱。

(5) 同样工程投资条件(混凝土增加量)下,采用长桩小半径桩比采用短桩大半径桩减小基础平均沉降和差异沉降的作用更明显。

4.4.3.2　实例验证

为了演示等桩长等桩径桩筏基础筏板厚度优化的过程,以均匀土体中由 4×4 群桩组成的桩筏基础为例进行说明。土体、桩、筏板和外荷载等参量特性见表 4-34,桩筏基础平面布置见图 4-53。优化过程中种群数为100,最大进化代数控制为 100。

其他相关参数,安全等级 $\gamma_0 = 1.0$,安全系数 $k = 1.75$, $c_u = c_{ub} = 40\,\text{kPa}$,桩端承载因子 $N_c = 5$。为了控制筏板抗剪切和抗冲切强度,限制筏板最小厚度为 0.3 m。在不同的混凝土总体积下优化得出的基础平均沉降和差异沉降曲线见图 4-54。

由图 4-54 可知,随着混凝土总体积增大,基础的平均沉降和差异沉降均在减小,此时,得到的结果是给定的混凝土体积下,平均沉降和差异沉降同时达到减小化的桩筏基础布置方式。优化中桩长、桩径和筏板厚度的变化曲线分别见图 4-55,图 4-56 和图 4-57。在混凝土体积总量较小的情况下,桩长和筏板厚度增加较快,但总体积增大到一定程度后逐步趋于平

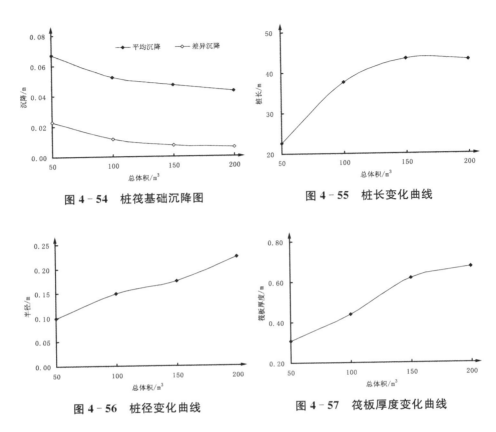

图 4 - 54　桩筏基础沉降图　　　　　　图 4 - 55　桩长变化曲线

图 4 - 56　桩径变化曲线　　　　　　图 4 - 57　筏板厚度变化曲线

缓。不论混凝土总体积如何,桩径始终呈现增加的趋势。

4.4.4　结论

桩筏基础中最优筏板厚度的确定应该和最优桩长和最优桩径的确定相结合。因此,提出了一个控制基础平均沉降和差异沉降最小化的多目标优化分析模型。针对等桩长、等桩径和均匀布桩条件下的桩筏基础和经过桩体特性优化后的桩筏基础分别进行了讨论,提出了各自的分析方法。前者采用与多目标优化等价的转化优化方式,后者采用桩筏基础简洁分析方法。

经过 81 个不同优化方案比较,总结出了等桩长、等桩径和均匀布桩条件下的桩筏基础优化中的一些基本规律,可作为优化桩筏基础时的指导原则。最终的实例说明了文中确定的多目标优化分析模型和其转化等效处理方式是合理可行的。

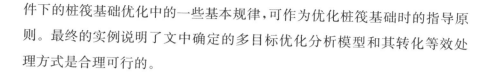

4.5　控制差异沉降的桩筏基础优化过程分析

4.5.1　前言

桩筏基础设计中设计变量不仅包括桩长、桩径、桩位和筏板厚度,还包括桩数。而桩筏基础用桩数量的确定往往非常关键。Poulos(2001)[106]在其提出的桩筏基础设计 3 个步骤的第一步就是确定桩数。Poulos(2001)[117]在桩筏基础各变量特性变化对桩筏基础影响研究中首先提到了桩数的影响问题。因此,在桩筏基础优化中桩数的确定必定是一个主要的优化变量。

Poulos(1980)[8]已经发现在桩基础中随着布桩数量的逐渐增多,沉降减小的程度越来越少,从而意识到存在一个桩数优化的问题。而 Randolph(1994)[85]提出的采用少量桩在基础中心部位布置的方式加深了对桩筏基础优化意义和重要性的认识。Yang Min(2000)[125]提出的减沉桩桩数和沉降的曲线形式则是对 Poulos(1980)[117]经典桩基础中沉降—桩数关系的深入和发展。

Cunha(2001)[235]针对某一桩筏基础工程实例进行了 26 个可行方案的比较分析,布桩数目对基础平均沉降和差异沉降的作用还取决于筏板厚度和桩长等变量,在薄板情形下桩数增加导致沉降减小的作用较为明显,而厚板下变得不明显,而且桩数增加有可能使基础差异沉降增大。Prakoso(2001)[118]采用平面应变弹塑性有限元分析方法研究了桩筏基础优化设计问题,不论是满堂布桩,还是其他类型的布桩方式,增加桩数都将使得基础平均沉降和差异沉降同时减小;但当桩数增加到一定程度时,再增加桩数对于控制基础沉降基本无作用。

O. Reul(2003)[281]以德国的 Torhaus 大楼(高度 130 m)为例进行了有限元分析,同时进行了布桩方案的优化比较,优化变量为桩长、桩数和桩位,认为利用较少数量的长桩并且合理布置桩位的前提下,相比满堂布桩下的桩筏基础,采用较小的总桩长即可控制平均沉降在允许的范围,而且差异沉降相比减小非常明显。O. Reul(2004)[119]针对非均匀荷载作用下的桩筏基础进行了方案比较分析,得出优化变量的最优值取决于具体的土体特性和荷载类型,不论荷载类型如何,采用较少量的群桩仍可取得减小基础平均沉降和差异沉降的效果。

Xiao Dong Cao(2004)[124]通过模型槽比较试验,研究了桩筏基础的一些特性,当桩群布桩面积不变的条件下,增加桩数对于工作荷载下基础的平均沉降和差异沉降减小作用不明显,而在极限荷载下增加桩数的作用相对更显著一些。

当桩筏基础的桩数发生变化时,最优桩长、桩位、桩径和筏板厚度等均发生变化。因此,如何合理确定最优的桩数,应该从桩筏基础优化的总过程中来进行分析。本书结合桩筏基础通用分析方法和优化算法,提出了桩筏基础最优桩数的确定方法和桩筏基础优化分析的总体分析步骤。桩筏基础桩数的确定是桩筏基础各变量优化中控制层次最高的一个,桩数确定的分析步骤也就代表了整个桩筏基础的分析步骤。

4.5.2 桩筏基础桩数的确定分析

4.5.2.1 桩筏基础分析模型

桩筏基础分析的一个关键问题是合理考虑 4 种相互作用,分别为桩—土—桩、板—土—桩、桩—土—板和板—土—板相互作用并能够分析包含不同桩长的桩筏基础,采用桩筏基础通用分析方法[273]可以实现这些功能。

桩筏基础分析的另一个关键是选择合理的板分析模型。单独采用薄板理论或厚板理论分析任意桩筏基础是不严谨的。因此,采用厚薄板通用分析方法分析桩筏基础是必要的。基于 Timoshenko 厚梁理论和 Mindlin 板单元,采用转角场和剪应变场进行合理插值的方式,可以形成厚薄板通用有限元分析模型[251-252]。

包含长短桩条件下桩筏基础中,经过验证合理的桩侧摩阻力函数可采用式(4 - 33)的形式[231]。

$$\tau_i(z) = \sum_{j=1}^{k} \alpha_{ij} (L_i - z)^{j-1} \qquad (4-33)$$

式中,$\tau_i(z)$ 为第 i 桩深度 z 处的侧摩阻力,$i = 1, 2, \cdots, np$,np 为群桩中总桩数;α_{ij} 为待定系数;k 为待定整型变量;L_i 为第 i 桩桩长。

通过位移协调关系,力的平衡方程和物理方程可以得出联系桩筏基础桩顶荷载和桩顶位移的刚度矩阵,即包含任意桩长、任意筏板厚度和任意筏板几何形状的桩筏基础刚度表达式为[273]

$$[k_{\mathrm{ps}}]_{(np+ns)\times(np+ns)} [w_{\mathrm{t}}]_{(np+ns)\times1} = [p_{\mathrm{t}}]_{(np+ns)\times1} \qquad (4-34)$$

式中,$[k_{\mathrm{ps}}]$ 为桩筏体系的刚度矩阵;$[w_{\mathrm{t}}]$ 为桩土体系的顶部位移列阵;$[p_{\mathrm{t}}]$ 为桩土体系的顶部荷载列阵;ns 为桩筏基础中筏板下土节点的总数;np 为群桩中总桩数。

4.5.2.2　桩筏基础优化分析步骤

本部分介绍的桩筏基础优化分析步骤的前提是桩数一定的情况下,而且桩筏基础筏板下土体可以提供大部分或者全部的承载力,桩的设置主要是控制基础的沉降而不是提供承载力。基础中的外荷载和土体特性作为优化的已知值,桩长、桩径、桩位和筏板厚度作为优化的变量。

1. 优化中的基本认识

通过对桩筏基础桩长、桩位、桩径和筏板厚度等优化分析,得出了一些基本规律,对整个优化分析过程具有一定的指导意义,列举如下。

(1)桩筏基础桩位置的优化应该放在所有变量的首位。因为桩位的变动可以有效减小基础的差异沉降,尽管可能使基础平均沉降略有增大,但桩位变化不需要增加工程量,也即不需要增加投资。

(2)桩筏基础桩长优化较桩径和筏板厚度的优化对控制差异沉降方面作用更明显。传统的桩筏基础桩长优化后,基础的平均沉降和差异沉降均减小,但桩长增加势必导致投资增加。当基础可以布置不等桩长的群桩时,可以在不增加工程量的前提下有效地实现差异沉降的控制。

(3)传统的桩筏基础中桩长、桩径和筏板厚度等变量优化应该结合到一起进行分析。当基础下可以布置不等桩长、桩径的群桩时,可以分开单独进行顺序优化即可,因其在不增加投资和工程量前提下,均可以有效控制差异沉降,而对整体沉降影响不大。

当基础布置不等桩长、桩径的桩筏基础时,可以只进行桩长优化或者桩径优化均可以达到控制差异沉降的目的,也可以先后进行优化来控制差异沉降最小化,可视具体问题而定。一般情形下,桩长优化的效果比桩径优化的效果要好。

2. 传统桩筏基础优化分析

传统的桩筏基础指各桩具有相同的长度和半径特性,并且采用均匀的满堂布桩方式的桩筏基础。当布桩数量较多时,桩间距较小,使得筏板下群桩组成一个等代墩基,桩位的变化已无作用,故可以不进行桩位的优化;而当布桩数量较少时,桩筏基础优化需要进行桩位的优化。

优化步骤如图 4-58 所示。图中最大迭代次数指桩位优化和桩长、桩径与筏板优化二者结果趋于稳定需要的迭代次数,一般可取 1—3 次。最大取样点数指为了绘制不同的桩筏总体积(代表不同的工程投资)条件下,对应的基础平均沉降和差异沉降曲线而设定的采样点数。不同的总体积条件下,经过优化可以得出其对应的沉降,从而可以绘制出他们的 V-S 曲线关系,如图 4 - 59 所示。图中 n_p 代表桩数。根据对基础差异沉降和平均沉降的要求,从图 4 - 59 可以得出在布桩数量等于 n_p 时最少需要多少体积的混凝土,也即需要多少工程投资才能达到要求。

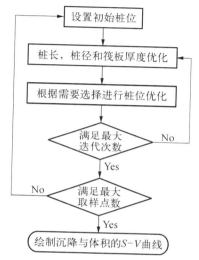

图 4 - 58　桩筏基础优化流程图(一)

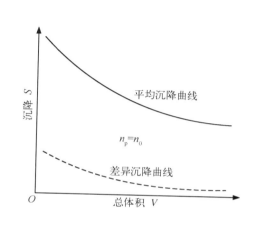

图 4 - 59　桩筏总体积与沉降关系示意图

桩筏基础桩长、桩径和筏板厚度统一优化分析方法,桩位优化方法见参考文献[276]。

3. 一般桩筏基础优化分析

此处的一般桩筏基础指基础中各桩具有不同的桩长、桩径特性,并且桩不一定是均匀布置于筏板下面的桩筏基础。

对一般桩筏基础进行优化分析时,在给定的桩筏总体积前提下,首先采用等桩长、等桩径、均匀布桩的基础形式进行优化,优化目标函数仅取为平均沉降最小化;接着进行桩位优化,此时控制的目标函数取差异沉降最小化;然后选择是否进行桩长的优化,目标函数取差异沉降最小化;再选择是否进行桩径的优化分析,目标函数仍然是差异沉降最小化。由于整个优化过程中,各变量变化对于基础平均沉降影响较小,而且差异沉降基本控制在 0 值附件,因此不再需要迭代运算。

当给定的桩筏基础总体积不同时,可以重复上述过程,从而可以绘制给定取样点数下桩筏基础沉降与总体积的 V-S 曲线。具体优化过程如图 4-60 所示,V-S 曲线形式见图 4-61。不同于传统桩筏基础的沉降与总体积关系曲线,此时差异沉降为一在 0 值附近波动的随机变量,其不随总体积的增大而逐步减小。图中各变量和符号的含义同前。

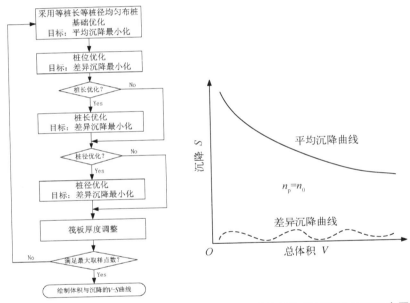

图 4-60　桩筏基础优化流程图(二)　图 4-61　桩筏总体积与沉降关系示意图

桩筏基础桩位优化方法见参考文献[276],桩长优化方法见参考文献[277],桩径优化分析方法见参考文献[280]。

4.5.2.3　桩数确定的方法

基于上述桩数一定条件下的传统桩筏基础和一般桩筏基础的优化分析步骤,可以方便地得出桩筏基础最优桩数的确定方法。

1. 传统桩筏基础桩数确定

根据满堂布桩方式初步预估桩筏基础最大布桩数目,然后从 0 至最大布桩数目中等间距选取 n_p 个(一般可取 5—10 个)不同大小的桩数数值,对于每一种布桩数量,可以重复如图 4 - 58 所示的步骤,并能够得出如图 4 - 59 所示的一对曲线(包括平均沉降和差异沉降),从而可以得到 n_p 对曲线,然后根据对基础平均沉降 w_{cri} 和差异沉降 Δw_{cri} 的要求,由 n_p 对曲线来确定对应特定桩数条件下的总体积大小,然后针对平均沉降和差异沉降可以分别绘制如图 4 - 62 所示的两条曲线,即满足平均沉降要求的桩数与所需桩筏总体积关系曲线和满足差异沉降要求的桩数与桩筏基础总体积关系曲线。

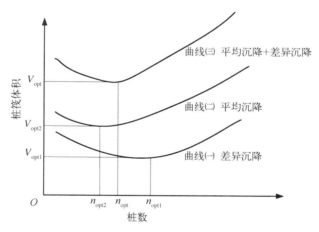

图 4 - 62　最优桩数确定(一)示意图

根据总体积最小原则(也即投资最省原则)可以确定出基础的最优桩数,如图 4 - 62 所示。曲线(一)为平均沉降的桩数与总体积关系,此时最优桩数为 n_{opt1};曲线(二)为差异沉降的桩数与总体积关系,此时最优桩数为 n_{opt2};曲线(三)为对应桩数条件下平均沉降体积和差异沉降体积之和,即曲线三纵坐标等于曲线(一)和曲线(二)纵坐标之和,而横坐标相同。由曲线(三)可知最优桩数为 n_{opt},这就是传统桩筏基础中同时满足差异沉降和平均沉降要求且投资最省的布桩数量。

2. 一般桩筏基础桩数确定

对于一般的桩筏基础由于可以布置不同桩长和桩径的群桩,因此经过控制差异沉降的优化分析后,基础的差异沉降可以控制在 0 值附近,故在分析中可以免去考虑差异沉降的步骤。

从仅布置筏板(桩数为 0)到满堂布桩下(最大布桩数目),从中等间距选取 n_p 个(一般可取 5—10 个)不同大小的桩数数值,对于每一种布桩数量,可以重复图 4 - 60 的步骤,并能够得出如图 4 - 61 所示的一对曲线(包括平均沉降和差异沉降),从而可以得到 n_p 对曲线,然后仅根据对基础平均沉降 w_{cri} 的要求,由 n_p 对曲线的平均沉降曲线来确定对应特定桩数条件下的总体积大小,从而可以绘制出图 4 - 63 所示的曲线,即满足基础平均沉降要求下桩筏基础布桩数量与桩筏总体积的关系曲线,注意这里隐含着满足基础差异沉降的要求。

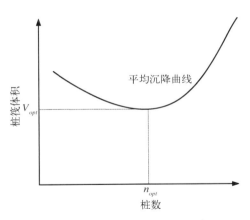

图 4 - 63　最优桩数确定(二)示意图

根据总体积最小,也即投资最省原则,可以确定出桩筏基础最优的布桩数量 n_{opt}。

4.5.3　结论

桩筏基础优化分析中优化变量包括桩位、桩长、桩径、筏板厚度和桩数等。桩数的确定是桩筏基础优化变量中控制层次最高的优化变量。因此,桩筏基础桩数确定的过程和步骤也就形成了桩筏基础优化分析的总过程。

由于传统的等桩长、等桩径、满堂均匀布桩的传统桩筏基础和可以布置任意桩长,桩径和任意桩位的一般桩筏基础包含的特性不同,给出了各自的桩筏基础优化分析过程。在最优桩数的确定过程中,前者需同时满足平均沉降和差异沉降的要求,而后者仅需满足平均沉降的要求,其差异沉降已隐含满足要求。

第5章

结论与展望

5.1 本书主要结论

桩筏基础优化分析的最基本前提是合理的桩筏基础分析模型和方法的提出。作者在课题研究的初期即认识到这一问题的关键性和迫切性。对 Poulos 桩基础分析方法和 Randolph 桩基础分析方法认真研究后提出了一种结合二者的改进计算方法。接着,提出了一个有代表性的单桩位移函数关系式,基于变分原理和最小势能原理得出群桩刚度矩阵的表达式。尔后,针对包含不等桩长、不等桩径、不同桩身材料和桩位任意布置的群桩基础提出一个通用分析模型和方法。以桩基础通用分析方法为基础,相继提出了刚性板桩筏基础分析方法和桩筏基础通用分析方法,采用了厚薄板通用分析技术处理由任意厚度板组成的桩筏基础。

以上述桩筏基础通用分析方法作为优化分析的坚实基础,相继对桩筏基础中桩长、桩位、桩径、筏板厚度和桩数等开展了优化分析,并针对各自所特有的属性建立了相应的优化模型,并给出了具体的分析步骤。通过本书的分析研究工作,得出以下主要结论:

(1)竖向受荷桩基础(包含单桩和群桩)弹性分析的改进计算方法,避免了 Poulos 积分方程法中的差分运算,以及由此带来的其他矩阵运算,同时比 Randolph 方法能准确模拟桩身剪切应力的分布情况。与 Poulos 方法、Randolph 方法以及 Chow 混合方法的单桩和群桩计算结果进行了比较,比较结果表明书中的改进计算方法是可行的,分析精度亦满足要求。

(2)针对书中基于变分原理的群桩位移分析方法,采用了 Butterfield 边界单元法、Poulos 相互作用系数方法、Randolph 剪切位移法、Chow 混合方法和 Shen 基于幂函数级数的变分方法等群桩分析方法与之进行了比较,比较结果证明了本书方法与 Randolph 剪切位移法和 Shen 基于幂函数级数的变分方法的结果较为一致,与其他分析方法规律相同,但结果略有差别。应用本书方法进行分析的计算量小,且不用划分桩土体单元,并能准确模拟土体模量随深度线性变化的情形。

(3)对于常规的桩基础与变桩长、变桩径和变刚度特性的群桩基础,将桩基础通用分析方法的计算结果与其他各种桩基分析方法进行了比较,尽管结果在数值大小上有所差异,但整体分布规律是一致的,从而证明该分析方法是正确可行的。此方法不需要将桩体划分单元,而且对于不同特性的桩组成的群桩基础具有分析过程和形成矩阵大小的不变性,处理较方便且计算量相对较小。

(4)运用书中的刚性板桩筏基础分析方法和桩筏基础通用分析方法,结合 Poulos 等经典桩筏基础考题进行了验证分析,结果表明提出的方法是合理可行的,他可以自动实现薄板和厚板条件下的桩筏基础分析。

(5)桩基础和桩筏基础分析的面向对象实现过程中,在单桩类和群桩基类基础上可以派生出 Poulos 桩基础分析方法、Chow 混合分析方法、Shen 变分分析方法和桩基础通用分析方法等不同的类。在桩基础分析类基础上可以进一步派生刚性板桩筏基础类,在该类和厚薄板有限元分析类基础上可以得到二者的子类桩筏基础类。整个实现的过程证明采用面向对象方法分析桩基础和桩筏基础比传统的面向过程方法具有无可比拟的优势。实例验证的结果表明面向对象方法分析桩基础和桩筏基础是合理可行的。

（6）桩筏基础桩长优化分析中，优化后的基础差异沉降大为减小，而且平均沉降也有不同程度的降低。优化后基础中长桩作用处筏板弯矩相对增大，但其他部位筏板弯矩相比等桩长基础要小。参量分析表明筏板厚度的变化对最优桩长影响甚微；筏板的几何形状不同，最优桩长分布的模式也不同。土体模量变化对最优桩长影响显著，土体模量均匀增大时优化得到的中心桩长度增加，角桩长度减小，边桩长度略有变化。而当土体模量随深度线性增大时，中心桩长度减小，而边桩长度增大，各桩长度趋于均等。一般情况下，土体的埋深对于最优桩长影响不明显。土体的泊松比对最优桩长有影响，但不如模量变化的影响显著。桩径增大时桩筏基础中最优化的结果表明中心桩长度大幅度减小，边桩长度也略有减小，但角桩长度增大。桩身弹性模量变化使得桩筏基础中各桩最优桩长均发生变动，而且各桩变化的幅度大致相当。由此可见桩体特性的变化对最优桩长的影响较大。

（7）桩筏基础桩位优化中，作者自行设计的 6 个遗传算子（3 个杂交算子，3 个变异算子）具有较高的寻优性能。优化后的基础差异沉降大为减小，平均沉降视具体问题可能增大也可能减小，但变化幅度很小。对桩筏基础最优桩位影响最大的是荷载类型和荷载的分布情况，基础板的几何形状对最优桩位影响也较大。而桩筏基础中桩土体压缩特性的影响次之，其他参量如桩径、土体泊松比、土体埋深等影响不明显。

（8）桩筏基础桩径优化中，该优化问题是一个包含线性约束和非线性约束的优化问题，能够恰当处理这些约束问题的遗传算法的引入是关键。优化后的基础差异沉降大为减小，但平均沉降略有增加。参量分析表明桩筏基础筏板形状对于基础最优桩径的分布有较大影响，而基础的筏板由薄板过渡到厚板过程中基础的最优桩径变化甚小，其影响作用不明显。土体特性对于最优桩径的分布影响非常显著，其影响程度由大到小依次是土体不均匀程度，土体模量，土体埋深和土体泊松比。土性由弱到强变化时，基础中各桩半径有趋于均等的趋势,土体埋深越大,各桩最优半径差距越大。桩体特性对于桩筏基础最优桩径的大小也有较大的影响,影响最大的是桩长大小,不等桩长基础和等桩长基础的最优桩径差别很大。而桩身压缩模量对最优桩径的影响程度相比要弱一些。

(9) 桩筏基础中最优筏板厚度的确定应该和最优桩长和最优桩径的确定相结合,因此提出了一个控制基础平均沉降和差异沉降最小化的多目标优化分析模型。针对等桩长和等桩径,均匀布桩条件下的桩筏基础和经过桩体特性优化后的桩筏基础分别进行了讨论,提出了各自的分析方法。前者采用与多目标优化等价的转化优化方式,后者采用桩筏基础简洁分析方法。经过 81 个不同优化方案比较结果总结出了等桩长,等桩径和均匀布桩条件下的桩筏基础优化中的一些基本规律,可作为优化桩筏基础时的指导原则。最终的实例说明了文中确定的多目标优化分析模型和其转化等效处理方式是合理可行的。

(10) 桩筏基础优化分析中优化变量包括桩位,桩长,桩径,筏板厚度和桩数等。桩数的确定是桩筏基础优化变量中控制层次最高的优化变量,因此桩筏基础桩数确定的过程和步骤也就形成了桩筏基础优化分析的总过程。由于传统的等桩长,等桩径,满堂均匀布桩的传统桩筏基础和可以布置任意桩长,桩径和任意桩位的一般桩筏基础包含的特性不同,给出了各自的桩筏基础优化分析过程。在最优桩数的确定过程中,前者需同时满足平均沉降和差异沉降的要求,而后者仅需满足平均沉降的要求,其差异沉降已隐含满足要求。

5.2　下一步研究展望

本书在研究中始终力求研究点的深入,而不注重于面的广泛。因为作者深信有限个点深入探讨的积累必然产生巨大的效应,但广而潜的分析综合在一起仍然是泛泛而谈,对解决问题无益。

(1) 研究中的一个基本前提是地基板能够提供全部或者大部分承载力,桩筏基础的承载力可以不用考虑或者仅需校核。实际的桩筏基础中筏板和桩承担荷载的比例为一不确定变量,如何在优化中实时对基础承载力进行评价可作为今后研究的方向之一。

(2) 桩筏基础通用分析方法仅能分析均匀土体和土体模量随深度线性变化条件下的基础,而且仅限于线弹性分析。虽然基础工作状态下多为弹性状态,但是包含桩土间非线性分析对变形控制分析非常有意义,能够合理考虑成层土特性的分析模型在实际中更具有应用价值。

(3) 桩筏基础优化分析包括竖向受荷和水平向受荷桩筏基础两种优化,由于作用方式的不同,二者优化的前提,方法和目的也各不相同,水平受荷桩筏基础的优化可作为今后研究的方向之一。

(4) 桩筏基础优化中依次进行桩位,桩长,桩径和筏板厚度的优化,还是将这些变量放在一起同时进行优化分析,这两种处理方式对最终结果的影响程度如何尚不清楚。将各优化变量如何合理的放在一起优化,并控制问题的规模显然是很困难的,尚待进一步解决。

(5) 桩筏基础桩位优化中将桩位限制在有限元节点上得到的结果是近似的,较准确地分析应该实现筏板的网格自动剖分功能,从而达到实时计算,实时剖分,实时优化。

(6) 采用面向对象技术的桩基础和桩筏基础类设计,可以方便地实现模型建立,若能实现结果的可视化处理,会更有利于分析方法的应用和推广。

(7) 优化中,采用控制基础沉降在允许范围内并使投资最省,还是最有效地利用工程投资来减小基础沉降,或建立基础沉降最小和投资最省的多目标优化模式,这三种处理方式孰优孰劣目前尚无理论和实际的证据。

参考文献

［1］ Terzaghi K，Peck R B. Soil mechanics in engineering practice[M]. 2nd Ed. ，New York，Wiley，1967.

［2］ Butterfield R，Banerjee P K. The elastic analysis of compressible piles and pile groups[J]. Geotechnique，1971，21(1)：43 - 60.

［3］ Butterfield R，Banerjee P K. A note on the problem of a pile reinforced half space [J]. Geotechnique，1970，20(1)：100 - 103.

［4］ Banerjee P K，Davis T G. Analysis of some reported case histories of laterally loaded pile groups[J]. Proc. Analyt. Mech. Geomech，1987，11：621 - 638.

［5］ Poulos H G，Davis E H. The settlement behaviour of single axially loaded incompressible piles and piers[J]. Geotechnique，1968，18：351 - 371.

［6］ Poulos H G. Analysis of the settlement of pile groups[J]. Geotechnique，1968，18：449 - 471.

［7］ Mattes N S，Poulos H G. Settlement of single compressible pile[J]. Journal of the Soil Mechanics and Foundations Division(ASCE)，1969，95(1)：189 - 207.

［8］ Poulos H G，Davis E H. Pile foundation analysis and design[M]. New York：John Wiley and Sons，1980.

［9］ Poulos H G. Settlement of single piles in nonhomogeneous soil[J]. Journal of the Geotechnical Engineering Division，1979，105：627 - 641.

[10] Poulos H G. Modified calculation of pile-group settlement interaction[J]. Journal of Geotechnical Engineering, 1988, 114(6): 697 - 706.

[11] Poulos H G. Pile behaviour-theory and application[J]. Geotechnique, 1989, 39 (3): 365 - 415.

[12] Xu K J, Poulos H G. General elastic analysis of piles and pile groups[J]. Int. J. Numer. Anal. Meth. Geomech. , 2000, 24: 1109 - 1138.

[13] Randolph M F, Wroth C P. Analysis of deformation of vertically loaded piles[J]. Journal of the Geotechnical Engineering(ASCE), 1978, 104(12): 1465 - 1488.

[14] Randolph M F, Wroth C P. An analysis of the vertical deformation of pile groups [J]. Geotechnique, 1979, 29(4): 423 - 439.

[15] Randolph M F. Microcomputer-based programs for pile design[R]. Research Report No. G: 1008 of Department of Civil and Resource Engineering Geomechanics Group in the University of Western Australia, 1990.

[16] Chow Y K. Analysis of vertically loaded pile groups[J]. International Journal for Numerical and Analytical Methods in Geomechanics, 1986, 10: 59 - 72.

[17] Wei Dong Guo, Randolph M F. Vertically loaded piles in non-homogeneous media[J]. International Journal for Numerical and Analytical Methods in Geomechanics, 1997, 21: 507 - 532.

[18] Wei Dong Guo, Randolph M F. Rationality of load transfer approach for pile analysis[J]. Computers and Geotechnics, 1998, 23: 85 - 112.

[19] Wei Dong Guo. Visco-elastic load transfer models for axially loaded piles[J]. Int. J. Numer. Anal. Meth. Geomech. , 2000, 24: 135 - 163.

[20] Wei Dong Guo. Vertically loaded single piles in Gibson soil[J]. Journal of Geotechnical and Geoenvironmental Engineering, 2000, 126(2): 189 - 193

[21] Wei Dong Guo, Randolph M F. An efficient approach for settlement prediction of pile groups[J]. Geotechnique, 1999, 49(2): 161 - 179.

[22] O'Neill M W, Ghazzaly O I, Ha H B. Analysis of three-dimensional pile groups with nonlinear soil response and pile-soil-pile interaction[C]. Proc. 9th Offshore

Technology Conf. , 1977, 2: 245 - 256.

[23] Kraft L M, Ray R P, Kagawa T. Theoretical t-z curves[J]. J. Geotech. Engng. Div. Proc. ASCE, 1981, 107(GT11): 1543 - 1561.

[24] Coyle H M, L C. Load transfer for axially load piles in clay[J]. J. Soil Mech. Found. Div. , Proc. ASCE, 1966, 92(SM2): 1 - 26.

[25] Vijayvergiya V N. Load-movement characteristics of piles[J]. 4th Symp. Waterway, Port, Coastal and Ocean Div. , ASCE, Long Beach, Calif. , 1977, 2: 269 - 284.

[26] Chow Y K. Discrete element analysis of settlement of pile groups[J]. Computers & Structures, 1986, 24(1): 157 - 166.

[27] Chow Y K. Axial and lateral response of pile groups embedded in nonhomogeneous soils[J]. Int. J. Numer. Analyt. Mech. Geomech. , 1987, 11: 621 - 638.

[28] Chow Y K. Iterative analysis of pile-soil-pile interaction[J]. Geotechnique, 1987, 37(3): 321 - 333.

[29] Hong D C, Chow Y K, Yong K Y. Amethod for the analysis of large vertically loaded pile groups[J]. Int. J. Numer. Anal. Meth. Geomech. , 1999, 23: 243 - 262.

[30] Shen W Y, Chow Y K, Yong K Y. A variational approach for vertical deformation analysis of pile group[J]. International Journal for Numerical and Analytical Methods in Geomechanics, 1997, 21: 741 - 752.

[31] Shen W Y, Chow Y K, Yong K Y. Variational solution for vertically loaded pile groups in an elastic half-space[J]. Geotechnique, 1999, 49(2): 199 - 213.

[32] Shen W Y, Teh C I. Practical solution for group stiffness analysis of piles[J]. Journal of Geotechnical and Geoenvironmental Engineering, 2002, 128(8): 692 - 698.

[33] Esu F, Ottaviani M. Behaviour of bored piles in a non-linearly elastic soil[J]. Ingegneria Civile, 1973, (46).

[34] Ottaviani M. 3-dimensional finite-element analysis of vertically loaded pile groups [J]. Geotechnique，1975，25（2）：159－174.

[35] Desai C S，Appel G C. 3－D analysis of laterally loaded structures［C］. Proceedings，2nd international conference on numerical methods in geomechanics，Blacksburg，Virginia，ASCE，1976.

[36] Faruque M O，Desai C S. 3－D material and geometric nonlinear analysis of piles ［C］. Proc.，2nd Int. Conf. on Numerical Methods for Off-shore Pilings，Austin，Texas，1982.

[37] Muqtadir A，Desai C S. Three-dimensional analysis of a pile-group foundation ［J］. International Journal for Numerical and Analytical Methods in Geomechanics，1986，10：41－58.

[38] Comodromos E M，Anagnostopoulos C T，Georgiadis M K. Numerical assessment of axial pile group response based on load test［J］. Computers and Geotechnics，2003，30：505－515.

[39] Small J C，Booker J R. Finite layer analysis of layered elastic materials using a flexibility approach. Part 1－strip loadings［J］. Int. J. Num. Meth. in Engrg.，1984，20：1025－1037.

[40] Small J C，Booker J R. Finite layer analysis of layered elastic materials using a flexibility approach. Part 2－circular and rectangular loadings［J］. Int. J. Num. Meth. in Engrg.，1986，23(5)：959－978.

[41] Guo D J，Tham L G，Cheung Y K. Infinite layer for analysis of single pile［J］. Computers and Geotechnics，1987，3(4)：229－249.

[42] Lee C Y，Small J C. Finite-layer analysis of axially loaded piles［J］. Journal of Geotechnical Engineering，1991，117(11)：1706－1722.

[43] Scouthcott P H，Small J C. Finite layer analysis of vertically loaded piles and pile groups［J］. Computers and Geotechnics，1996，18(1)：47－63.

[44] Lee C Y. Pile group settlement analysis by hybrid layer approach［J］. Journal of Geotechnical Engineering，1993，119(6)：984－997.

[45] 蔡方銭,张韫美.弹性地基板的挠度迭代法[J].建筑结构,1994,11:32-36.

[46] 黄帧权,程端华.弹性地基上的平板计算——差分法[J].水运工程,1996,8:58-65.

[47] 曲小钢.具有边梁加固的板弯曲问题的差分方法[J].计算物理,1997,14(4-5):558-560.

[48] 陈玉骥.混合边界薄板的弯曲问题[J].长沙铁道学院学报,2001,19(2):33-36.

[49] Cheung Y K, Zienkiewicz O C. Plates and tanks on elastic foundations-an application of finite element method[J]. Int. J. Solids Struct., 1965, 1:451-461.

[50] Cheung Y K, Nag D K. Plated and beams on elastic foundations-linear and nonlinear behavior[J]. Geotechnique, 1968, 18:250-260.

[51] Svec O J, Gladwell. A triangular plate bending element for contact problems[J]. Int. J. Solids Struc., 1973, 7:435-446.

[52] Yang T Y. A finite element analysis of plates on two-parameter elastic foundation model[J]. Computers & Structure, 1972:593-614.

[53] Fraser R A, Wardle L J. Numerical analysis of rectangular rafts on layered foundations[J]. Geotechnique, 1976, 26(4):613-630.

[54] Rajapakse R K N D, Selvadurai A P S. On the performance of Mindlin plate elements in modeling plate-elastic medium interaction: a comparative study[J]. Int. J. Numer. Meth. Engng., 1986, 23:1229-1244.

[55] Cheung Y K. Finite strip method in structural analysis [M]. Pergamon Press, 1976.

[56] 崔敏文.文克勒地基上板的有限条法[J].建筑结构学报,1992,12(2):49-56.

[57] 黄明挥.用有限条法分析弹性支承板结构和弹性地基板[J].南昌大学学报(工科版),2001,23(1):38-43.

[58] Katsikadelis J T, Armenakas A E. Analysis of clamped plates on elastic foundation by BIE method[J]. J. Appl. Mech., 1984, 51:574-586.

[59] Katsikadelis J T, Armenakas A E. Plates on elastic foundation by BIE method

[J]. Journal of Engineering Mechanics Division，ASCE，1984，110：1086-1105.

[60] Costa J A，Brebia C A. Bending of plates on elastic foundation using the boundary element method[C]//Proc. 2nd Int. Conf. Variational Methods in Engineering，University of Southampton，1985，523-533.

[61] Costa J A，Brebia C A. The boundary element method applied to plates on elastic foundations[J]. J. Engng. Anal.，1985，2：174-183.

[62] Katsikadelis J T，Kallivokas L F. Plates on biparametric elastic foundation by BDIE method[J]. J. Engng. Mech. Div. ASCE，1988，114：847-875.

[63] Sapountazakis E J，Katsikadelis J T. Unilaterally supported plated on elastic foundations by the boundary elemnt method[J]. J. Appl. Mech.，1992，58：580-586.

[64] Jianguo W，Xiuxi W，Maokuang H. Boundary integral equation formulation for thick plates on Winker foundation[J]. Comput. Struct.，1993，49(1)：179-185.

[65] Mandal J J，Ghosh D P. Short communication：prediction of elastic settlement of rectangular raft foundation-a coupled FE-BE approach[J]. Int. J. Numer. Anal. Mech. Geomech.，1999，23：263-273.

[66] Nayroles B，Touzot G，Villon P. Generalizeing the finite element method：Diffuse approximation and diffuse elements[J]. Comput. mech.，1992，10：307-318.

[67] Belytschko T，Lu Y Y，Gu L. Element-free galerkin methods[J]. International Journal for Numerical Methods in Engineering，1994，37：229-256.

[68] Lu Y Y，Belytschko T，Gu L. A new implementation of the element-free galerkin method[J]. Computer Methods in Applied Mechanics and Engineering，1994，13：397-414.

[69] 周维垣,寇晓东.无单元法及其在岩土工程中的应用[J].岩土工程学报,1998,20(1)：5-9.

[70] 周维垣,寇晓东.无单元法及其工程应用[J].力学学报,1998,30(2)：193-202.

[71] 张伟星,庞辉.无单元法分析弹性地基板[J].力学与实践,2000,22:38-41.

[72] 张伟星,庞辉.无单元法计算钢筋混凝土筏板[J].计算力学学报,2000,17(3):326-331.

[73] 张伟星,庞辉.弹性地基板计算的无单元法[J].工程力学,2000,17(3):138-144.

[74] 张建辉,邓安福.无单元法(EFM)在筏板基础计算中的应用[J].岩土工程学报,1999,21(6):691-695.

[75] Mylonakis G, Gazetas G. Settlement and additional internal forces of grouped piles in layered soil[J]. Geotechnique, 1998, 48(1):55-72.

[76] 张建辉,邓安福.桩筏基础的新型分析方法[J].土木工程学报,2002,35(4):103-108.

[77] 宰金珉,宰金璋.高层建筑基础分析与设计[M].北京:中国建筑工业出版社,2001.

[78] 余闯,戚科骏.求解文科尔地基上四边自由矩形板的加权残数法[J].南京建筑工程学院学报,2002,63:27-31.

[79] 郝际平.Hermiter多项式在双参数弹性基础上圆板非线性定分析中的应用[J].西安冶金建筑学院学报,1994,26(3):289-294.

[80] 程玉民,沈祖炎,彭妙娟.加权残数和有限元耦合法解弹性力学问题[J].土木工程学报,2000,33(4):6-10.

[81] 候朝胜,吴双文.轴对称荷载作用下环形薄板大挠度样条函数解法[J].天津大学学报,2004,37(1):50-53.

[82] 孙凡,候朝胜.分布荷载作用下圆板大挠度的样条函数解法[J].河北建筑科技学院学报,2003,20(3):50-53.

[83] Selvadurai.土与基础相互作用的弹性分析[M].范文田,译.北京:中国铁道出版社,1984.

[84] Randolph M F. Design of piled foundations[R]. Cambridge Univ. Eng. Dept., Res. Rep. Soils TR143, 1983.

[85] Randolph M F. Design methods for pile groups and piled rafts[R]. S. O. A.

Report，13 ICSMFE，New Delhi，1994，5：61－82.

[86] Randolph M F，Clancy P. Efficient design of piled rafts[R]. Research report No. G：1069 of department of civil and resource engineering geomechanics group in the university of western Australia，1993.

[87] Burland J B. Piles as Settlement Reducers[R]. Keynote Address，18th Italian Congress on Soil Mechnics，Pavia，Italy，1995.

[88] Poulos H G. The influence of a rigid pile cap on the settlement behaviour of an axially loaded pile[J]. Trans. Instn civ. Engrs Aust. CE 10，1968，2：206.

[89] Butterfield R，Banerjee P K. The problem of pile group-pile cap interaction[J]. Geotechnique，1971，21(2)：135－142.

[90] Davis E H，Poulos H G. The analysis of piled-raft systems[J]. Aust. Geomech. J. G2，1972，1：21－27.

[91] Kuwabara E. An elastic analysis for piled raft foundations in a homogeneous soil [J]. Soils Found，1989，29(1)：82－92.

[92] Mendonca A V，de Paiva J B. A boundary element method of the static analysis of raft foundations on piles[J]. Engineering Analysis with Boundary Elements，2000，24：237－247.

[93] Hooper J A. Observations on the behaviour of a piled-raft foundation on London clay[J]. Proc. Instn. Civ. Engrs，1973，55：855－877.

[94] Muqtadire A，Desai C S. Three-dimensional analysis of cap-pile-soil interaction [R]. Report，Dept. of Civil Engineering，VPI & SU，Blacksburg，Virginia，1981.

[95] Desai C S，Siriwardane H J，Janardhanam R. Interaction and load transfer in track guideway system[R]. Report to DT，Washington D. C. ，1980－1981.

[96] Siriwardane H J. Nonlinear soil-structure interaction analysis for one-，two-，and three-dimensional problems using finite element method[D]. VPI & SU，Blacksburg，Virginia，1980.

[97] Griffiths D V，Clancy P，Randolph M F. Piled raft foundation analysis by finite

elements[R]. Research report No. G: 1034 of department of civil and resource engineering geomechanics group in the university of western Australia, 1991.

[98] Chow Y K, Teh C I. Pile-cap-pile-group interaction in non-homogeneous soil[J]. J. Geotech. Engng. ASCE, 1991, 117(11): 1655-1668.

[99] Iyer P K, Sam C. 3-d elastic analysis of 3-pile caps[J]. Journal of Engineering Mechanics, 1991, 117 (12): 2862-2883.

[100] Iyer P K, Sam C. 3-dimensional analysis of pile caps[J]. Computers and Structures, 1992, 42 (3): 395-411.

[101] Smith I M, Wang A. Analysis of piled rafts[J]. Int. J. Numer. Anal. Meth. Geomech., 1998, 22: 777-790.

[102] Hain S J, Lee I K. The analysis of flexible raft-pile systems[J]. Geotechnique, 1978, 28(1): 65-83.

[103] Poulos H G. Analysis of piled strip foundations[J]. Comp. Methods & Advances in Geomechs., ed. Beer et al, Balkema, Rotterdam, 1991, 1: 183-191.

[104] Poulos H G. An approximate numeric analysis of pile-raft interaction[J]. Int. J. Numer. Anal. Methods Geomech., 1994, 18: 13-92.

[105] Russo G. Numerical analysis of piled rafts[J]. Int. J. Numer. Anal. Mech. Geomech., 1998, 22: 477-493.

[106] Poulos H G. Piled raft foundations: design and applications[J]. Geotechnique, 2001, 51(2): 95-113.

[107] Clancy P, Randolph M F. An approximate analysis procedure for piled raft foundations[J]. Int. J. Numer. Anal. Mech. Geomech., 1993, 17: 849-869.

[108] Clancy P, Randolph M F. Simple design tools for piled raft foundations[J]. Geotechnique, 1996, 46(2): 313-328.

[109] Pastsakorn K, Tatsunori M. A simplified analysis method for piled raft and pile group foundations with batter piles [J]. Int. J. Numer. Anal. Mech. Geomech., 2002, 26: 1349-1369.

[110] Ta L D, Small J C. Analysis of piled raft systems in layered soils[J]. Int. J. Numer. Anal. Methods Geomech. , 1996, 20: 57 - 72.

[111] Ta L D, Small J C. Analysis and performance of piled raft foundation on layered soils-case studies[J]. Soils and Foundations, 1998, 38(4): 145 - 150.

[112] Ta L D, Small J C. An approximation for analysis of raft and piled raft foundations[J]. Computers and Geotechnics, 1997, 20(2): 105 - 123.

[113] Small J C, Zhang H H. Behavior of piled raft foundations under lateral and vertical loading[J]. The International Journal of Geomechanics, 2002, 2(1): 29 - 45.

[114] Shen W Y, Chow Y K, Yong K Y. A variational approach for the analysis of pile group-pile cap interaction[J]. Geotechnique, 2000, 50(4): 349 - 357.

[115] Shen W Y, Chow Y K, Yong K Y. A variational approach for the analysis of rectangular rafts on an elastic half-space[J]. Soils and Foundations, 1999, 39 (6): 25 - 32.

[116] Chow Y K, Yong K Y, Shen W Y. Analysis of piled raft foundations using a variational approach[J]. The International Journal of Geomechanics, 2001, 1 (2): 129 - 147.

[117] Poulos H G. Methods of analysis of piled raft foundations[R]. A Report Prepared on Behalf of Technical Committee TC18 on Piled Foundations, 2001.

[118] Prakoso W A, Kulhawy F H. Contribution to piled raft foundation design[J]. Journal of Geotechnical and Geoenvironmental Engineering, 2001, 127(1): 17 - 24.

[119] Oliver Reul, Mark F. Randolph. Design strategies for piled rafts subjected to nonuniform vertical loading[J]. Journal of Geotechnical and Geoenvironmental Engineering, 2004, 130(1): 1 - 13.

[120] Fayun L, Longzhu C, Xuguang S. Numerical analysis of composite piled raft with cushion subjected to vertical load[J]. Computers and Geotechnics, 2003, 30: 443 - 453.

[121] Cooke R W. Piled raft foundations on stiff clays — a contribution to design philosophy[J]. Geotechnique, 1986, 36(2): 169 - 203.

[122] Horikoshi K, Randolph M F. Centrifuge modeling of piled raft foundations on clay[J]. Geotechnique, 1996, 46(4): 741 - 752.

[123] Horikoshi K, Randolph M F. Settlement of piled raft foundations on clay[R]. Research Report No. G: 1105 of Department of Civil and Resource Engineering Geomechanics Group in the University of Western Australia, 1994.

[124] Xiaodong C, Ing Hieng W, Mingfang C. Behavior of model rafts resting on pile-reinforced sand [J]. Journal of Geotechnical and Geoenvironmental Engineering, 2004, 130(2): 129 - 138.

[125] YANG M. Study on reducing-settlment pile foundation based on controlling settlement principle[J]. Chinese Journal of Geotechnical Engineering, 2000, 22 (4): 481 - 486.

[126] Chow Y K, Thevendran V. Optimization of pile group[J]. Computers and Geotechnics, 1987, 4: 43 - 58.

[127] Hoback A S, Truman K Z. Least weight design of steel pile foundations[J]. Eng. Struct, 1993, 15(5): 379 - 385.

[128] 金亚兵. 弹性理论在群桩优化设计中的应用研究[J]. 工程勘察, 1993, 2: 11 - 16.

[129] 盛兴旺, 裘伯永, 郗蔚东. 空间桩基优化[J]. 长沙铁道学院学报, 1991, 9(3): 154 - 162.

[130] 盛兴旺, 裘伯永. 空间桩基的拓扑优化[J]. 长沙铁道学院学报, 1995, 13(4): 25 - 32.

[131] Tandjiria V, Valliappan S, Khalili N. Optimal design of raft-pile foundation [C]//Proc. 3rd Asian-Pacific Conf. on Computational Mechanics, Seoul, 1996, 547 - 552.

[132] Tandjiria V, Valliappan S, Khalili N. Optimal design of raft-pile foundation system[C]//Proc. 2nd China Australia Symposium Computational Mechanics,

Sydney，1997，195 - 204.

[133] 吕安军,吴明战,候学渊.条基或筏基下桩基的优化设计[J].地下工程与隧道,
1998,1：10 - 12.

[134] 何水源,邓安福.群桩基础设计的优化方法[J].工业建筑,1999,29(10)：
69 - 72.

[135] Samer A Barakat，Abdallah I Husein Malkawi，Ra'ed H Tahat. Reliability-
based optimization of laterally loaded piles[J]. Structural Safety，1999，21：
45 - 64.

[136] Valliappan S，Tandjiria V，Khalili N. Design of raft-pile foundation using
combined optimization and finite element approach[J]. Int. J. Numer. Anal.
Mech. Geomech. ，1999，23：1043 - 1065.

[137] 张冬梅,黄宏伟,王箭明.以沉降控制的粉喷桩的优化设计[J].建筑技术,2000,
31(3)：156 - 157.

[138] 张武,刘冬林,赵占山.竖向承载单桩优化设计及其准则法[J].土木工程学报,
2002,35(2)：81 - 85.

[139] 熊辉,邹银生,蒋建国.基于上下部共同作用的群桩动力优化设计[J].岩土工程
学报,2003,25(5)：590 - 594.

[140] 冯仲仁,王雄江,姚爱民,等.基于遗传算法的深层搅拌桩优化设计[J].岩土力
学,2003,24(3)：420 - 427.

[141] 宰金珉,王旭东,凌华,等.基于差异沉降控制的桩基非线性优化设计[A]//第
九届土力学及岩土工程学术会议论文集[C].北京：清华大学出版社,2003.

[142] 孙铁东.片筏基础的优化设计[J].哈尔滨建筑大学学报,1995,28(5)：57 - 62.

[143] 何水源,邓安福,王成.群桩基础优化设计及其在工业厂房中的应用[J].重庆建
筑大学学报,1999,21(2)：23 - 27.

[144] 茜平一,陈晓平,高红升.高层建筑带桩基础优化设计[J].土工基础,1994,8
(1)：21 - 24.

[145] 陈晓平,茜平一.桩筏基础设计的系统分析方法研究[J].水利学报,1995,10：
35 - 39.

[146] 阳吉宝.高层建筑桩筏和桩箱基础的优化设计[J].工程勘察,1996,1:23-24.

[147] 阳吉宝,赵锡宏.高层建筑桩箱(筏)基础的优化设计[J].计算力学学报,1997,14(2):241-244.

[148] 阳吉宝,任臻,周小川.带裙房的高层建筑基础的优化设计[J].土木工程学报,1998,31(5):39-47.

[149] [美]G V 雷克莱狄斯,A 拉文德兰,K M 拉格斯迪尔.工程最优化——方法与应用[M].孙彦兵,陶维本,丁惠梁,译.北京:北京航空航天大学出版社,1990.

[150] 李海峰,陈晓平.高层建筑桩筏基础优化设计研究[J].岩土力学,1998,19(3):59-64.

[151] 周正茂,赵福兴,候学渊.桩筏基础设计方法的改进及其经济价值[J].岩土工程学报,1998,20(6):70-73.

[152] Horikoshi K,Randolph M F. A contribution to optimum design of piled rafts[J]. Geotechnique,1998,48(3):301-317.

[153] 刘金砺,迟铃泉.桩土变形计算模型和变刚度调平设计[J].岩土工程学报,2000,22(2):151-157.

[154] 陈明中.群桩沉降计算理论及桩筏基础优化设计研究[D].杭州:浙江大学,2000.

[155] 陈明中,周成辉.桩筏基础优化设计探析[J].工业建筑,2004,34(7):36-39.

[156] 龚晓南,陈明中.桩筏基础设计方案优化若干问题[J].土木工程学报,2001,34(4):107-110.

[157] 张建辉,邓安福,周锡礽.基于差异沉降最小的桩筏基础分布桩分析[J].天津大学学报,2001,34(5):646-650.

[158] Kyung Nam Kim,Suhyung Lee,Kiseok Kim,etc. Optimal pile arrangement for minimizing differential settlement in piled raft foundations[J]. Computers and Geotechnics,2001,28:235-253.

[159] 党星海,杜永峰,狄生奎,等.不规则平面桩—筏基础优化的一种简化方法[J].甘肃工业大学学报,2002,28(3):94-97.

[160] 邹金林,吴乐意.考虑桩竖向支承刚度的桩—承台共同工作的优化设计[J].岩

石力学与工程学报，2004，23(3)：514－517.

[161] 刘毓氚，刘祖德.桩筏基础的系统模拟法优化设计研究[J].岩土力学，2004，25 (1)：105－108.

[162] Backer T. Evolutionary algorithms in theory and practice [M]. Oxford University Press，New York，1996.

[163] Schwefil H. Evolution and optimum seeking[M]. John Wiley & Sons，New York，1994.

[164] Backer T，Schwefel H. Evolutionary computation：an overview [A]. Proceedings of the Third IEEE Conference on Evolutionary Computation[C]. IEEE Press，Nagoya，Japan，1996：20－29.

[165] Michalewicz Z. Evolutionary computation：practical issues[A]. Proceedings of the Third IEEE Conference on Evolutionary Computation[C]. IEEE Press，Nagoya，Japan，1996：30－39.

[166] 徐宗本，张讲社，郑亚林.计算智能中的仿生学：理论与算法[M].北京：科学出版社，2003.

[167] 王小平，曹立明.遗传算法——理论、应用与软件实现[M].西安：西安交通大学出版社，2002.

[168] 云夏庆.进化算法[M].北京：冶金工业出版社，2000.

[169] Holland J H. Adaptation in natural and artificial systems [M]. MIT Press，1975.

[170] Goldberg D E. Genetic algorithms in search，optimization and machine learning [M]. Addison-Wesley，Reading，MA，1989.

[171] Bolc L，Cytowski J. Search methods for artificial intelligence[M]. Academic Press，London，1992.

[172] Booker L. Improveing search in genetic algorithms[A]. Genetic algorithms and simulated annealing[M]. Davis，L. Morgan Kaufmann Publishers，Los Altos，CA，1987.

[173] [日]玄光南，程润伟.遗传算法与工程设计[M].北京：科学出版社，2000.

[174] 张文修,梁怡. 遗传算法的数学基础[M]. 西安：西安交通大学出版社,2001.

[175] 李敏强,寇纪淞,林丹,等. 遗传算法的基本原理与应用[M]. 北京：科学出版社,2003.

[176] 徐丽娜. 神经网络控制[M]. 北京：电子工业出版社,2003.

[177] Michalewicz Z. Genetic algorithms + data structure = evolution programs [M]. Springer-Verlag, Berling, 1996.

[178] [美] Z 米凯利维茨. 演化程序—遗传算法和数据编码的结合[M]. 周家驹,何险峰,译. 北京：科学出版社,2000.

[179] Galante M, Cerrolaza M, Annicchiarico W. Optimization of structural and finite element models via genetic algorithms[J]. Structural Optimization, SAMPE J, 1994, 30(3)：127 – 137.

[180] Hajela P, Yoo J, Lee J. GA based simulation of immune networks applications in structural optimization[J]. Engineering Optimization, 1997, 29：131 – 149.

[181] Ghasemi M R, Hinton E, Wood R D. Optimization of trussed using genetic algorithms for discrete and continuous variables[J]. Engineering Computations, 1999, 16(3)：272 – 301.

[182] Jenkins W M. Towards structural optimization via the genetic algorithm[J]. Computers & Structures, 1991, 40(5)：1321 – 1327.

[183] Lu Jingui, Ding Yunliang, Wu Bin, Xiao Shide. An improved strategy for gas in structural optimization [J]. Computers & Structures, 1996, 61 (6)：1185 – 1191.

[184] Leite J P B, Topping B H V. Improved genetic operators for structural engineering optimization[J]. Advances in Engineering Software, 1998, 29(7 – 9)：529 – 562.

[185] Yamakawa H. Studies on multidisciplinary optimization for topology, shape of structural systems and designs of control systems using genetic algorithm[A]. Proceedings of the First China-Japan-Korea Joint Symposium on Optimization of Structural and Mechanical Systems [C]. Gu Y. X. Xi'an University Press,

1999，109 - 116.

[186] Sugimoto M，Yamakawa H. A study on simultaneous optimization by parallel genetic algorithms［A］. Proceedings of the First China-Japan-Korea Joint Symposium on Optimization of Structural and Mechanical Systems［C］. Gu Y. X. Xi'an University Press，1999，241 - 248.

[187] Hajela P，Lee E，Cho H. Genetic algorithms in topologic design of grillage structure［J］. Computer-Aided Civel and Infrastructure Engineering，1998，13：13 - 22.

[188] Soh Chee-Kiong，Yang Jiaping. Optimal layout of bridge trussed by genetic algorithms［J］. Computer-Aided Civel and Infrastructure Engineering，1998，13：247 - 254.

[189] Rajeev S，Krishnamoorthy C S. Genetic algorithms-based methodologies for design optimization of truss［J］. Journal of Structural Engineering，1997，123（3）：350 - 358.

[190] Wu Shyuejian，Chow Peitsc. Interaged discrete and configuration optimization of truss using genetic algorithms［J］. Computers & Structures，1995，55（4）：695 - 702.

[191] Rodolphe G，Riche Le，Catherine Knopflenoir，et al. A segregated genetic algorithm for constrained structural optimization［C］//Proceedings of the 6th International Conference on Genetic Algorithms，1995，558 - 565.

[192] Byon O（Ben G），Nishi Y，Sato S. Optimization lamination of hybrid thick-walled cylindrical shell under external pressure by using a genetic algorithm［J］. J. Thermopalstic Composite Materials，1998，11：417 - 428.

[193] Savle D A，Evans K E，Silberhorn Thorsten. A genetic algorithm-based system for the optimal design of laminate［J］. Computer-Aided Civil and Infrastructure Engineering，1999，14：187 - 197.

[194] Venter Gerhard，Haftka R T. A two species genetic algorithm for designing composite laminates subjected to uncertainty［J］. AIAA，1996，1848 - 1857.

[195] Jain Sakait, Gea Hae Chang. Two-dimensional packing problems using genetic algorithms[J]. Engineering with Computers, 1998, 14: 206-213.

[196] Gero J S, Kazakov V A. Evolving design genes in space layout planning problems[J]. Artificial Intelligence in Engineering, 1998, 12: 163-176.

[197] Osyczka A, Kundu S P. A genetic algorithm based multicriteria optimization method[A]. Proceeding of the 1995 1st World Congress of Structural and Multidisciplinary Optimization, 1995, 909-914.

[198] Hajela P, Lin C Y. Genetic search strategies in multicriterion optimal design [J]. Structural Optimization, 1992, 4: 99-107.

[199] Arakawa M, Nakayama H, Hagiwara I, et al. Multiobjective optimization using adaptive range genetic algorithms with data envelopment analysis[J]. AIAA, 1998, 2074-2082.

[200] Schauann E J, Balling R J, Day K. Genetic algorithms with multiple objectives [J]. AIAA, 1998, 2114-2123.

[201] 肖专文,龚晓南,谭昌明. 基坑土钉支护优化设计的遗传算法[J]. 土木工程学报,1999,32(3): 73-80.

[202] 吴恒,李陶深,韦日钰. 遗传算法在深基坑支护工程优化设计中的应用[J]. 广西大学学报(自然科学版),2000,25(1): 1-4.

[203] 贺可强,阳吉宝,王胜利. 遗传算法在土钉支护结构优化设计中的应用[J]. 岩土工程学报,2001,23(5): 567-571.

[204] 潘是伟,周瑞忠. 改进遗传算法在支护结构优化设计中的应用[J]. 福州大学学报(自然科学版),2003,31(2): 196-201.

[205] 贺可强,王胜利,阳吉宝. 运用遗传算法求解土钉支护结构的整体稳定性系数[J]. 岩土力学,2003,24(3): 355-358.

[206] 潘是伟,周瑞忠. 遗传算法在深基坑支护结构优化设计中的应用[J]. 福州大学学报(自然科学版),2002,30(6): 850-855.

[207] 周瑞忠,潘是伟. 基于遗传算法的深基坑支护结构优化设计[J]. 土木工程学报,2004,37(6): 87-91.

[208] 陈昌富,吴子儒,曹佳,等.水泥土墙支护结构遗传算法进化优化设计方法[J].岩土工程学报,2005,27(2):224-229.

[209] 徐军,邵军,郑颖人.遗传算法在岩土工程可靠性分析中的应用[J].岩土工程学报,2000,22(5):586-589.

[210] 孟庆银.各向异性土坡稳定性的极限平衡遗传算法[J].河北建筑科技学院学报,2003,20(2):45-47.

[211] 邹万杰,韦立德,徐卫亚.基于遗传算法德土坡稳定性分析[J].广西工学院学报,2003,14(4):19-21.

[212] 朱福明,周锡礽,王乐芹.一种改进的遗传算法在土质边坡稳定中的应用[J].港工技术,2003,3:20-23.

[213] 陈昌富,龚晓南.露天矿边坡破坏概率计算混合遗传算法[J].工程地质学报,2002,10(3):305-308.

[214] 陈昌富,王贻荪,邹银生.边坡可靠性分析分布混合遗传算法[J].土木工程学报,2003,36(2):72-76.

[215] 刘勇健.遗传算法在软土地基沉降计算中的应用[J].工业建筑,2001,31(5):39-41.

[216] 夏江,严平,庄一舟,等.基于遗传算法的软土地基沉降预测[J].岩土力学,2004,25(7):1131-1134.

[217] 陈剑锋,石振明,陈竹昌.基于遗传算法的土性参数估计[J].上海地质,2001,77(1):43-46.

[218] 高玮,郑颖人.采用快速遗传算法进行岩土工程反分析[J].岩土工程学报,2001,23(1):120-122.

[219] 高玮,郑颖人.基于遗传算法的岩土本构模型辨识[J].岩石力学与工程学报,2002,21(1):9-12.

[220] 金菊良,杨晓华,金保明,等.遗传算法在均质土坝渗流计算中的应用[J].长江科学院院报,2001,18(1):38-40.

[221] 旺明武,李丽,章杨松,等.混合遗传算法在砂土液化势评价中的应用[J].合肥工业大学学报,2002,25(4):505-509.

[222] 旺明武,金菊良,李丽.基于实码加速遗传算法的投影寻踪方法在砂土液化势评价中的应用[J].岩石力学与工程学报,2004,23(4):631-634.

[223] 冯仲仁,王雄江,姚爱民.基于遗传算法的深层搅拌桩优化设计[J].岩土力学,2003,24(3):420-427.

[224] 王志亮,李筱艳,殷宗泽.遗传算法和改进的 BP 网络杂交法在岩土工程中应用[J].地下空间,2001,21(3):178-182.

[225] Mindlin R D. Force at a point in the interior of a semi-infinite solid[J]. Physics,1936,7:195-202.

[226] 王伟,杨敏.基于变分原理的群桩位移计算方法[J].岩土工程学报,2005,27(9):1072-1076.

[227] 王伟,杨敏,王红雨.竖向受荷长短桩基础的位移分析方法[J].岩土工程学报,2005,27(11):88-93.

[228] Desai C S. Numerical Design Analysis for Piles in Sands[J]. J. Geot. Eng. Div., ASCE,1974,100(GT6):613-635.

[229] Hooper J A. Review of Behaviour of Piled Raft Foundations[R]. Rep. No. 83, CIRIA,London,1974.

[230] Ottaviani M,Poulos H G. 3-dimensional finite-element analysis of vertically loaded pile groups[J]. Geotechnique,1976,26 (1):238-241.

[231] 王伟,杨敏.竖向荷载下桩基础的通用分析方法[J].土木工程学报,2006,39(5):96-101.

[232] 吴家龙.弹性力学[M].上海:同济大学出版社,1996.

[233] 王伟,杨敏,王红雨.竖向受荷长短桩基础的侧端阻力分析方法[J].工程力学,2006,23(11):133-138.

[234] Banerjee P K. Effects of the pile cap on the load displacement behaviour of pile groups when subjected to eccentric loading[C]. Proc. 2nd Australia-New Zealand Conf. Geomech., Australian Geomechanics Society and New Zealand Geomechnics Soc.

[235] Cunha R P,Poulos H G,Small J C. Investigation of design alternatives for a

piled raft case history [J]. Journal of Geotechnical and Geoenvironmental Engineering, 2001, 127(8): 635 - 641.

[236] Brown P T. Numerical analyses of uniformly loaded circular rafts on elastic layers of finite depth[J]. Geotechnique, 1969, 19(2): 301 - 306.

[237] Clancy P. Numerical analysis of raft foundation[D]. PhD thesis: University of Western ustralia, 1993.

[238] Horikoshi K, Randoph M F. On the definition of raft-soil stiffness ration for rectangular rafts[J]. Geotechnique, 1997, 47(5): 1055 - 1061.

[239] Irons B M, Ahmad S. Techniques of finite element [M]. Chichester: Eillis Horwood, 1980.

[240] Zienkiewicz O C, Taylor R L, Too J M. Reduced integration techniques in general analysis of plates and shells[J]. Int. Num. Meth. Eng. , 1971, 3(2): 275 - 290.

[241] Hughes T J, Cohen M, Haron M. Reduced and selective integration technique in finite element analysis of plates[J]. Nuclear Eng. and Design, 1978, 46: 203 - 222.

[242] Hinton E, Huang H C. A family of quadrilateral Mindlin plate elements with substitute shear strain fields [J]. Computers and Structures, 1986, 23(3): 409 - 431.

[243] Wempner G A, Oden J T, Dross D A. Finite element analysis of shells[J]. J. Engng. Mech. , Div. ASCE, 1968, 94(EM6): 1273 - 1294.

[244] Belytschko T, Tsay C S, Liu W K. A stabilization matrix for the bilinear Mindlin plate element[J]. Comput. Meths. Appl. Mech. Engng. , 19831, 29: 313 - 327.

[245] Belytschko T, Tsay C S. A stabilization procedure for the quadrilateral plate element with one point quadrature[J]. Int. J. Numer. Meth. Engng. , 1983, 19: 405 - 419.

[246] Bathe K J, Dvorkin E N. Short communication: a four-node plate bending

element based on Mindlin/Reissner plate theory and mixed interpolation[J]. Int. J. Numer. Meth. Engng. ，1985，21：367 − 383.

[247] Bergan P G，Wang XiuXi. Quadrilateral plate bending elements with shear deformations[J]. Compters & Structures，1984，19(1 − 2)：25 − 34.

[248] 陈云敏，陈仁朋，凌道盛. 考虑相互作用的桩筏基础简化分析方法[J]. 岩土工程学报，2001，23(6)：686 − 691.

[249] Fricker A J. A simple method for including shear deformation in thin plate elements[J]. Int. Num. Meth. Eng. ，1986，23：1355 − 1366.

[250] Katili I. A new discrete Kirchhoff-Mindlin element based on Mindlin-Reissner plate theory and assumed shear strain fields-Part Ⅱ：An extended DKQ element for thick-plate bending analysis[J]. Int. J. Num. Meth. Eng. ，1993，36：1885 − 1908.

[251] 岑松，龙志飞. 对转角场和剪应变场进行合理插值的厚板元[J]. 工程力学，1998，15(3)：1 − 14.

[252] 岑松，龙志飞，龙驭球. 对转角场和剪应变场进行合理插值的厚薄板通用四边形单元[J]. 工程力学，1999，16(4)：1 − 15.

[253] 王伟，杨敏. 竖向荷载下刚性板桩筏基础分析方法[J]. 岩土力学，2009，30(11)：3441 − 3446.

[254] 龙驭球，包世华. 结构力学[M]. 2 版. 北京：高等教育出版社，1994.

[255] 朱伯芳. 有限单元法原理与应用[M]. 北京：中国水利水电出版社，1998.

[256] Hinton E，Owen D R J. Finite element software for plates and shells[M]. Pineridge press limited，U. K，1984.

[257] E 欣顿，D R J 欧文. 有限元程序设计[M]. 北京：新时代出版社，1982.

[258] Chen D J，Shah D K，Chan W S. Interfacial stress estimation using stress smoothing in laminated composites[J]. Computers & Structures，1996，58(4)：765 − 774.

[259] Poulos H G，Small J C，Ta L D，et al. Comparison of some methods for analysis of piled rafts[C]. Proc. 14the Int. Conf. Soil Mech. Found. Engng.

Hamburg，1997，2，1119-1124.

[260] Sinha J. Piled raft foundation on soil subjected to swelling, shrinkage and group subsidence[D]. Australia, University of Sydney, 1998.

[261] Rehak D R, Baugh J W. Alternative programming techniques for finite element program development[C]. Proc., IABSE Colloquium on Expert Systems in Civil Engineering. Bergamo, 1989.

[262] Bruce W R, Forde Ricardo O, Foschi Siegfried F, et al. Objected-oriented finite element analysis[J]. Computers & Structures, 1990, 34(3): 355-374.

[263] Makie R I. Object-oriented programming of the finite element method[J]. International journal for numerical methods in engineering, 1992, 35: 425-436.

[264] Udo Meissner, Joaquin Diaz, Ingo Schonenborn. Object-oriented analysis of three dimensional geotechnical engineering systems[C]. Computing in civil and building engineering, Rotterdam: Balkema, 1995, 61-65.

[265] 姜峰,李博宁,丁丽娜.面向对象的钢筋混凝土有限元非线性分析程序设计[J].计算力学学报,2003,20(5):592-596.

[266] 杨志勇,何若全.面向对象有限元方法在结构抗震分析中的应用[J].哈尔滨建筑大学学报,2002,35(4):29-33.

[267] 陈善民,黄博.面向对象方法在 Biot 固结有限元程序中的应用[J].岩土力学,2002,23(4):465-469.

[268] Werner H, Mackert M, Stark M. Object oriented models and tools in tunnel design and analysis [C]//Computing in civil and building engineering, Rotterdam: Balkema, 1995, 107-112.

[269] 武亚军,栗茂田,扬庆.深基坑有限元分析中可视化面向对象程序设计[J].大连理工大学学报,2003,43(4):489-494.

[270] 平杨,项阳,白世伟,等.深基坑三维降水理论及其面向对象有限元程序实现[J].岩石力学与工程学报,2002,21(8):1267-1271.

[271] 陈枫,冯紫良,胡志平.边坡工程计算机辅助设计[J].同济大学学报,2004,32

(3)：317-321.

[272] 项阳,平扬,葛修润. 岩土工程中的面向对象有限元程序设计[J]. 岩石力学与工程学报,2002,21(3)：404-409.

[273] 王伟,杨敏. 竖向荷载下桩筏基础通用分析方法[J]. 岩土力学,2008,30(1)：106-111.

[274] 葛忻声,龚晓南,张先明. 长短桩复合地基有限元分析及设计计算方法探讨[J]. 建筑结构学报,2003：91-96.

[275] 杨敏,王伟,杨桦. 嵌岩长桩下长短桩桩基础设计的初步探讨[A]//中国建筑学会地基基础分会 2004 年年会论文集[C]. 成都,2004,105-112.

[276] 王伟,杨敏. 控制差异沉降的桩筏基础桩位优化分析方法[A]//张雁,刘金波. 桩基手册[M]. 中国建工出版社,2009.

[277] 王伟,杨敏. 控制差异沉降的桩筏基础桩长优化分析方法[A]//张雁,刘金波. 桩基手册[M]. 中国建工出版社,2009.

[278] Randolph M F. Science and empiricism in pile foundation design [J]. Geotechnique, 2003, 53(10)：847-875.

[279] 顾晓鲁,钱鸿缙,刘惠珊,等. 地基与基础[M]. 北京：中国建筑工业出版社,2003,8.

[280] 王伟,杨敏. 控制差异沉降的桩筏基础桩径优化分析方法[J]. 岩工力学,2015,36(8)：178-184.

[281] Reul O and Randolph M F. Piled rafts in overconsolidated clay：comparison of *in situ* measurements and numerical analysis[J]. Geotechnique, 2003, 53(3)：301-315.

附录　桩筏基础面向对象分析的类实现框架图

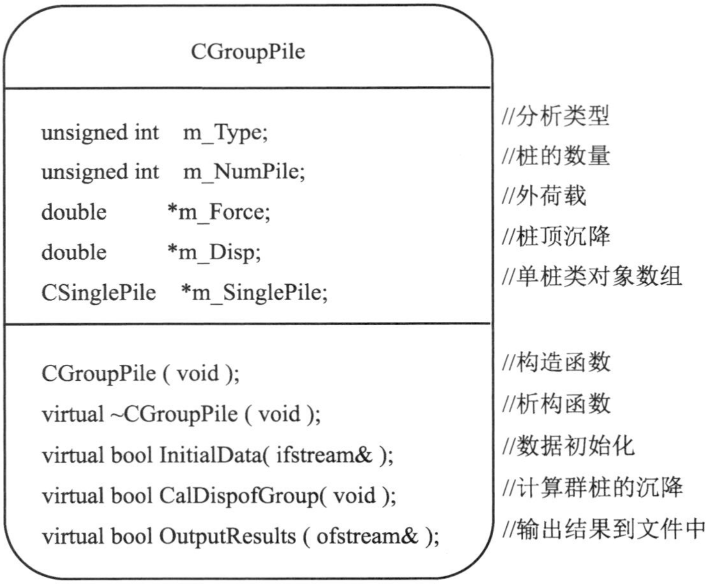

图 F-1　群桩基类

```
┌─────────────────────────────────────┐
│             CSinglePile              │
├─────────────────────────────────────┤
│  unsigned int    m_PileNo;           │   //桩号
│  unsigned int    m_NumEle;           │   //单元数量
│  double          m_PileLeng;         │   //桩长
│  double          m_PileRad;          │   //桩径
│  double          m_PileElas;         │   //桩体弹性模量
│  double          m_PileCoord[2];     │   //桩轴平面位置坐标
│  double          m_SoilElasSurf;     │   //土体顶部弹模
│  double          m_SEincreRate;      │   //土体弹模增大率
│  double          m_SoilV;            │   //土体泊松比
│  double          m_SFiniteDepth;     │   //压缩层厚度
│  double          m_ForceTop;         │   //桩顶荷载
│  double          m_DispTop;          │   //桩顶沉降
├─────────────────────────────────────┤
│  CSinglePile ( void );               │   //构造函数
│  virtual ~CSinglePile ( void );      │   //析构函数
└─────────────────────────────────────┘
```

图 F‑2　单桩基类

```
┌─────────────────────────────────────┐
│             CGPilePoulos             │
│            基类：CGroupPile           │
├─────────────────────────────────────┤
│  CGPilePoulos( void );               │   //构造函数
│  virtual ~CGPilePoulos( void );      │   //析构函数
│  virtual bool InitialData( ifstream& );│  //数据初始化
│  virtual bool CalDispofGroup( void );│   //计算群桩的沉降
│  virtual bool OutputResults ( ofstream& );│ //输出结果到文件中
└─────────────────────────────────────┘
```

图 F‑3　Poulos 方法群桩类

```
┌──────────────────────────────────────┐
           CSPilePoulos
         基类：CSinglePile
├──────────────────────────────────────┤
  double      *m_Alpha;              //对其他桩作用系数
  CPileEle    *m_PileEle;            //桩单元数组
  CSoilEle    *m_SoilEle;            //土单元数组
├──────────────────────────────────────┤
  CSPilePoulos( void );                 //构造函数
  virtual ~CSPilePoulos( void );        //析构函数
  virtual void CalStressInterface( void );   //计算桩侧摩阻力
  virtual void CalDisp( void );         //计算桩土沉降
  virtual void CalIntreaction( void );  //计算相互作用系数
└──────────────────────────────────────┘
```

图 F‑4　Poulos 方法单桩类

```
┌──────────────────────────────────────┐
                CPileEle
├──────────────────────────────────────┤
  unsigned int m_PileEleNo;          //桩单元号
  double      m_PEleLeng;            //桩单元长度
  double      m_PComForce;           //桩单元桩身压力
  double      *m_PStiff;             //桩单元刚度系数
├──────────────────────────────────────┤
  CPileEle( void );                     //构造函数
  virtual ~CPileEle( void );            //析构函数
  void CalStiffCoeff( void );           //计算桩单元刚度系数
  void CalComForce( void );             //计算桩身压力
└──────────────────────────────────────┘
```

图 F‑5　桩单元类

```
                    CSoilEle

 unsigned int m_SoilEleNo;        //土单元号
 double       m_SEleLeng;         //土单元长度
 double       m_SZCoord;          //单元中心点纵坐标
 double       m_SShear;           //土体剪应力
 double       m_SDisp;            //单元位移
 double       *m_SInterac;        //单元相互作用系数

 CSoilEle( void );                //构造函数
 virtual ~CSoilEle( void );       //析构函数
 void CalSoilInterac( void );     //计算单元相互作用系数
 void ModifySoilInterac( void );  //修正单元相互作用系数
```

图 F‐6　土单元类

```
                    CGPileChow
                基类：CGroupPile

 CGPileChow( void );                   //构造函数
 virtual ~CGPileChow( void );          //析构函数
 virtual bool InitialData( ifstream& ); //数据初始化
 virtual void CalDispofGroup( void );  //计算位移
 virtual bool OutputResults( ofstream& ); //输出结果到文件
 void   FormFlexiMatrix( CMatrix& );   //形成柔度系数矩阵
 void   AssemPLineStiff( CMatrix& );   //累加桩身刚度
```

图 F‐7　Chow 方法群桩类

```
┌─────────────────────────────────┐
│          CSPileChow             │
│       基类：CSinglePile          │
├─────────────────────────────────┤
│  CElement    *m_Ele;            │  //桩单元数组
│  CNode       *m_Node;           │  //桩结点数组
├─────────────────────────────────┤
│  CSPileChow( void );            │  //构造函数
│  virtual ~CSPileChow ( void );  │  //析构函数
└─────────────────────────────────┘
```

图 F‐8   Chow 方法单桩类

```
┌─────────────────────────────────┐
│            CElement             │
├─────────────────────────────────┤
│  unsigned int m_EleNo;          │  //单元号
│  unsigned int m_EleLeng;        │  //桩单元长度
│  unsigned int m_ENodeNo[2];     │  //单元结点号数组
│  double       m_EleStiff[4];    │  //桩单元刚度系数
├─────────────────────────────────┤
│  CElement( void );              │  //构造函数
│  virtual ~CElement( void );     │  //析构函数
│  void SetNodeNoinEle( void );   │  //设置单元结点号
│  void CalPileEleStiff( void );  │  //计算桩单元刚度系数
└─────────────────────────────────┘
```

图 F‐9   单元类

```
┌─────────────────────────────────────┐
│              CNode                   │
├─────────────────────────────────────┤
│ unsigned int m_NodeNo;               │  //结点号
│ double       m_NodeCood[3];          │  //结点三维坐标
│ double       *m_InterCoef;           │  //结点间作用系数
│ double       m_DiscreCoeff;          │  //自身柔度系数
├─────────────────────────────────────┤
│ CNode( void );                       │  //构造函数
│ virtual ~CNode( void );              │  //析构函数
│ void SetNodeCoord( void );           │  //设置结点坐标
│ void CalFlexiCoeff( CMatrix& );      │  //计算不同结点柔度系数
│ void CalDiscrCoeff ( void );         │  //计算自身柔度系数
└─────────────────────────────────────┘
```

图 F‑10　结点类

```
┌─────────────────────────────────────┐
│            CGPileShen                │
│          基类：CGroupPile            │
├─────────────────────────────────────┤
│ CGPileShen ( void );                 │  //构造函数
│ virtual ~CGPileShen ( void );        │  //析构函数
│ virtual bool InitialData( ifstream& );│ //数据初始化
│ virtual void CalDispofGroup( void ); │  //计算位移
│ virtual bool OutputResults( ofstream& );│ //输出结果到文件
│ void FormFlexiofBody(CMatrix& );     │  //形成桩身柔度系数矩阵
│ void FormFlexiofTip( CMatrix& );     │  //形成桩端柔度系数矩阵
│ void FormPileStiff( CMatrix& );      │  //形成桩身刚度矩阵
│ void FormTotalStiff( CMatrix& );     │  //形成总刚度矩阵
└─────────────────────────────────────┘
```

图 F‑11　Shen 变分方法群桩类

```
┌─────────────────────────────────────────┐
│            CSPileShen                     │
│         基类：CSinglePile                 │
├─────────────────────────────────────────┤
│  double   **m_KP;                         │  //单桩桩身刚度矩阵
│  double   **m_As;                         │  //桩侧刚度相关系数矩阵
│  double   **m_KS;                         │  //单桩桩侧刚度矩阵
│  double   **m_KB;                         │  //单桩桩端刚度矩阵
│  double   *m_Beta;                        │  //位移函数系数矩阵
├─────────────────────────────────────────┤
│  CSPileShen ( void );                     │  //构造函数
│  virtual ~CSPileShen ( void );            │  //析构函数
│  void FormKPMatrix( void );               │  //形成二维矩阵 KP
│  void FormAsMatrix( void );               │  //形成二维矩阵 As
│  void FormKsMatrix( void );               │  //形成二维矩阵 Ks
│  void FormKbMatrix( void );               │  //形成二维矩阵 Kb
│  void CalDispofPile( void );              │  //计算桩身位移
└─────────────────────────────────────────┘
```

图 F - 12　Shen 方法单桩类

```
┌─────────────────────────────────────────────────┐
│              CGPileGeneral                        │
│           基类：CGroupPile                        │
├─────────────────────────────────────────────────┤
│  CGPileGeneral ( void );                          │  //构造函数
│  virtual ~CGPileGeneral ( void );                 │  //析构函数
│  virtual bool InitialData( ifstream& );           │  //数据初始化
│  virtual void CalDispofGroup( void );             │  //计算位移
│  virtual bool OutputResults( ofstream& );         │  //输出结果到文件
│  virtual void GetFlexiCoeffMatrix(CMatrix& );     │  //形成桩身柔度系数矩阵
│  virtual void AddPileCompPart( CMatrix& );        │  //叠加桩身压缩量矩阵
│  virtual void MultipForceBalanMatrix( CMatrix& ); │  //乘以力平衡系数矩阵
│  virtual void FormFoundationStiff( CMatrix& );    │  //形成基础刚度矩阵
└─────────────────────────────────────────────────┘
```

图 F - 13　通用分析方法群桩类

CSPileGeneral

基类：CSinglePile

Unsigned int m_NumIntePoint;　　　　　//积分点数目
double　　*m_Alpha;　　　　　　　　//剪应力系数数组
double　　*m_Transfer;　　　　　　　//力平衡系数数组
CInteNode *m_Node;　　　　　　　　//积分点类对象数组

CSPileGeneral (unsigned numInte);　　//构造函数
virtual ~CSPileGeneral (void);　　　//析构函数
void CalStressofPile(void);　　　　//计算剪应力分布
void CalTransArray(void);

图 F‑14　通用分析方法单桩类

CInteNode

---

unsigned int m_NodeNo;　　　　　//结点号
double　　m_ZCoord;　　　　　　//竖向坐标
double　　*m_CompCoeff;　　　//压缩系数数组
double　　*m_FlexiCoeff;　　　//柔度系数数组

CInteNode (void);　　　　　　//构造函数
virtual ~CInteNode (void);　　//析构函数
void CalCompCoeff(void);　　//求压缩系数数组各值
virtual void CalFlexiCoeff(void);　//求柔度系数数组各值

图 F‑15　桩基分析积分点类

```
┌─────────────────────────────────────────┐
│            CRigidPRGeneral               │
│          基类：CGPileGeneral             │
├─────────────────────────────────────────┤
│  unsigned int   m_NumSoilNode;           │   //土结点数量
│  CSoilNode   *m_SoilNode;                │   //土结点对象数组
├─────────────────────────────────────────┤
│  CRigidPRGeneral ( void );               │   //构造函数
│  virtual ~ CRigidPRGeneral ( void );     │   //析构函数
│  virtual bool InitialData( ifstream& );  │   //数据初始化
│  virtual void CalDispofGroup( void );    │   //计算位移
│  virtual bool OutputResults( ofstream& );│   //输出结果到文件
│  virtual void GetFlexiCoeffMatrix(CMatrix& );│ //形成桩身柔度系数矩阵
│  virtual void AddPileCompPart( CMatrix& );│  //叠加桩身压缩量矩阵
│  virtual void MultipForceBalanMatrix( CMatrix& );│ //乘以力平衡系数矩阵
│  virtual void FormFoundationStiff( CMatrix& );│ //形成基础刚度矩阵
└─────────────────────────────────────────┘
```

图 F‑16　刚性板桩筏基础类

```
┌─────────────────────────────────────────┐
│             CSoilNode                    │
├─────────────────────────────────────────┤
│  unsigned int   m_SNodeNo;               │   //土结点号
│  double       m_SNodeCoord[2]            │   //平面坐标
│  double       m_SNodeArea;               │   //分配的面积
│  double       m_SoilElasSurf;            │   //土体顶部弹模
│  double       m_SEIncreRate;             │   //土体弹模增大率
│  double       m_SoilV;                   │   //土体泊松比
│  double       m_SFiniteDepth;            │   //压缩层厚度
│  double       m_SNodeForce;              │   //土结点荷载
│  double       m_SNodeDisp;               │   //土结点桩顶沉降
│  double       *m_FlexiCoeffSoil;         │   //其他土结点作用数组
│  double       *m_FlexiCoeffPile;         │   //桩作用柔度数组
├─────────────────────────────────────────┤
│  CSoilNode ( void );                     │   //构造函数
│  virtual ~CSoilNode ( void );            │   //析构函数
│  void CalFlexiCoeffSoil( void );         │   //计算土结点作用柔度数组
│  void CalFlexiCoeffPile( void );         │   //计算桩作用柔度数组各值
└─────────────────────────────────────────┘
```

图 F‑17　刚性板桩筏基础中土结点类

CInteNodePR	
基类：CInteNode	
double　*m_FlexiCoeffSoil;	//土结点作用柔度系数数组
CInteNodePR (void);	//构造函数
virtual ~CInteNode PR (void);	//析构函数
void CalFlexiCoeffSoil(void);	//求土结点作用 　柔度系数数组中各值

图 F‑18　桩筏分析积分点类

CPlateGeneralFEA	
unsigned int　m_NumEle;	//单元数目
unsigned int　m_NumNode;	//结点数目
unsigned int　m_NumMaterial;	//材料种类数
unsigned int　m_NumForce;	//外荷载数目
CPElement　*m_Ele;	//单元类数组
CPNode　　*m_Node;	//结点类数组
CMatrial　　*m_Material;	//材料类数组
CForce　　*m_Force;	//外荷载类数组
CPlateGeneralFEA (const usigned iNumEle, 　const unsigned iNumNode, 　const unsigned iNumMaterial, 　const unsigned iNumForce);	//构造函数
virtual ~ CPlateGeneralFEA (void);	//析构函数
void　FormGlobalStiffMatrix(CMatrix&);	//形成总刚度矩阵
void　FormGlobalLoadMatrix(CMatrix&);	//形成外荷载列阵
void　SolvetoGetDispofDOF(void);	//求解得自由度位移
bool　OutputResultstoFile(ofstream&);	//输出计算结果到文件

图 F‑19　厚薄板通用分析有限元类

```
                    CPNode
    ─────────────────────────────────────
    unsigned int    m_NodeNo;                    //结点号
    double          *m_NodeCoord[2];             //结点坐标
    double          *m_Disp;                     //结点位移
    double          *m_NodeForce;                //结点力
    bool            m_FixedState;                //结点边界条件
    double          *m_FixedValue;               //结点边界位移值
    double          m_Moment[3];                 //结点弯矩
    double          m_Shear[2];                  //结点剪力
    ─────────────────────────────────────
    CPNode ( void );                             //构造函数
    virtual ~ CPNode ( void );                   //析构函数
    void   SetBoundaryCondition( void );         //设置边界条件
    void   SetMomentAndShearValue( void );       //设置弯矩和剪力值
```

图 F - 20 厚薄板通用分析结点类

```
                    CPElement
    ─────────────────────────────────────
    unsigned int    m_EleNo;                     //单元号
    CPNode          *m_PNode;                    //结点数组
    unsigned int    m_MaterialNo;                //所属材料号
    unsigned short  *m_EdgeNo;                   //单元各边对应边号
    double          *m_EdgeLength;               //单元各边长度
    double          *m_StressMatrix;             //单元应力矩阵
    double          *m_GaussPoint[2];            //Gauss 积分点坐标
    CShapeFunc      *m_ShapeFunc;                //形函数类对象数组
    double          **m_EleStiff;                //单元刚度矩阵
    ─────────────────────────────────────
    CPElement ( void );                          //构造函数
    virtual ~ CPElement ( void );                //析构函数
    void   CalEleStiffBendPart( void );          //形成弯曲刚度矩阵
    void   CalEleStiffShearPart( void );         //形成剪切刚度矩阵
    void   AssembleEleStiff( void );             //累加刚度矩阵
    void   IntegrateGaussPoint( void );          //Gauss 点积分运算
    void   CalGaussPointValue( void );           //计算 Gauss 点对应结果
    void   TransrValueFromGausstoNode( void );   //转换 Gauss 点结果到结点
```

图 F - 21 厚薄板通用分析单元类

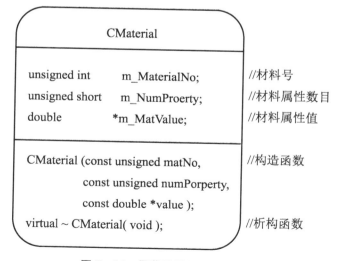

```
                    CForce

unsigned int    m_ForceNo;           //荷载号
FTYPE           m_Type;              //荷载类型
unsigned int    m_NodeNo;            //集中力所在结点号
unsigned int    m_EleNo;             //面力所在单元号
unsigned int    m_LineNo;            //线荷载所在单元边号
double          *m_Value;            //荷载值

CForce (FTYPE&type, unsigned nodeNo,  //构造函数
        unsigned eleNo,unsigned lineNo,
        double* value);
virtual ~ CForce ( void );           //析构函数
```

图 F - 22 厚薄板通用分析外荷载类

```
                    CMaterial

unsigned int       m_MaterialNo;        //材料号
unsigned short     m_NumProerty;        //材料属性数目
double             *m_MatValue;         //材料属性值

CMaterial (const unsigned matNo,        //构造函数
           const unsigned numPorperty,
           const double *value );
virtual ~ CMaterial( void );            //析构函数
```

图 F - 23 厚薄板通用分析材料类

CShapeFunc	
double m_Xi;	//Gauss 点 ξ 坐标
double m_Eta;	//Gauss 点 η 坐标
CShapeFunc (double xi,double eta);	//构造函数
virtual ~ CShapeFunc (void);	//析构函数
void CalShapeDerivLocal(CMatrix&);	//局部坐标偏导数
void CalShapeDerivGlobal(CMatrix&);	//整体坐标偏导数
void CalJacobianMatrix(CMatrix&);	//求雅可比矩阵

图 F-24　厚薄板通用分析形函数类

CPRGeneral 基类：CRigidPRGeneral CPlateGeneralFEA	
CPRGeneral (void);	//构造函数
virtual ~ CPRGeneral (void);	//析构函数
virtual bool InitialData(ifstream&);	//数据初始化
void SetSoilNodeCoord(double x, double y);	//设置土结点坐标
void SetSoilNodeArea(double area);	//设置土结点分配面积
bool WritePileSoilStifftofFile(CMatrix&, 　　　　　　　　　ofstream& file);	//桩土体系刚度写入文件
void AssemblePSandPlateStiff(CMatrix&, 　　　　　　　　　ifstream& file);	//集成桩土和板的刚度矩阵

图 F-25　桩筏基础通用分析类

后 记

　　时光荏苒,拙文付梓时蓦然回首,三年时光飘然已逝,伟人常忆往昔峥嵘岁月稠,书生也难免感慨万千。

　　三年岁月长河中,处处汇集着导师杨敏教授学术指导的汗水和人生教诲的智慧,涓涓溪流滋润培育了学生,弟子不才,让老师失望之处敬请见谅。在今后人生道路上,学生将以导师为榜样,生命不息,冲锋不止。特赋诗一首,表达心中的感激之情。

零二夏至上海滩,

幸遇恩师于同济。

启明星里余一载,

桩基领域多教诲。

人生智慧常灌输,

此之尤胜他人师。

学识能力佳榜样,

思想风范好师表。

近日即将出师门,

感激之词发肺腑。

> 言辞修饰多华丽，
>
> 堪比恩师显苍白。

地基基础研究所桩基础研究室的熊巨华副教授，无论在学习上，还是生活上给我提供了很多锻炼的机会和帮助，在此深表谢意。

真诚的谢意献给周洪波博士、王红雨博士和朱碧堂博士 3 位师兄，自己的成长离不开师兄的关照。向陈富全和武亚军两位博士后表示感谢。

真诚的谢意献给杨桦、李忠诚、汪文彬、胡安兵、张慧、李琳等诸位博士生师弟，和王宝泉、黄磊、黄斌与孟非等几位硕士师弟。难忘在岩土大楼611 室一起度过的日子。

真诚的谢意献给同济大学地下系 2002 级秋季博士班的同学，他们是刘齐建、王胜辉、李兴照、曾庆有、张晨明、虞幸福、余战魁、蔡建、袁灯平、董秀竹、缪圆冰和魏星等博士同学。合群的同学组成快乐的集体，度过了愉快的博士生涯。正所谓

> 五湖四海齐相聚，
>
> 万水千山缘来牵。
>
> 求学路上多艰辛，
>
> 同窗相伴路好走。
>
> 课题探讨入三分，
>
> 知识综合拓七尺。
>
> 足球场上展球技，
>
> 地下工程显本领。
>
> 忆周庄西湖之旅，
>
> 念同学欢快之聚。

　　而今各奔前程去，

　　美好祝愿献诸家。

　　真诚的谢意献给硕士时的同学，他们是中国水利水电科学研究院的游进军博士和太湖流域管理局的孙志硕士，你们的帮助我毕生难忘。

　　真诚的谢意献给土木学院桥梁系的林铁良博士和建工系的陆立新博士。

　　真诚的谢意献给在山东临朐勤劳朴实的父母和正在读书的弟弟。

　　真诚的谢意献给曾经关心、帮助、支持和对我给予期望的老师、同学和朋友。

　　吾常念受之太多，而给予的太少。唯有今后更加勤奋地工作，争取早出成绩，多出成果，尽最大努力更好地服务社会，以释心中千钧之荷。

王　伟